LA TRACTION ÉLECTRIQUE

PAR

CONTACTS SUPERFICIELS

DU SYSTÈME DIATTO

PAR

CH. JULIUS,

Ingénieur

IMPRIMERIE
LÉON DE THIER
Boulevard de la Sauvenière, 10,
Liége.

ÉDITEUR
GAUTHIER-VILLARS
Quai des Grands Augustins, 55,
Paris.

1902

LA
TRACTION ÉLECTRIQUE

PAR

CONTACTS SUPERFICIELS

DU SYSTÈME DIATTO

PAR

CH. JULIUS,
Ingénieur

IMPRIMERIE
LÉON DE THIER
Boulevard de la Sauvenière, 10,
Liége.

ÉDITEUR
GAUTHIER-VILLARS
Quai des Grands Augustins, 55,
Paris.

1902

INTRODUCTION.

La plupart des journaux techniques ont publié, il y a quelques années, des articles descriptifs du système de traction inventé par M. Diatto; ce système allait alors être appliqué à quelques réseaux d'importance secondaire, mais à cette époque on était encore dans la plus complète incertitude quant à son succès final et industriel dans une application d'une étendue plus considérable, et l'avenir seul pouvait répondre à cette question si hautement importante pour tous ceux, — et ils sont nombreux, — qu'intéressent les problèmes des transports en commun: le système Diatto peut-il sérieusement entrer en ligne de compte quand il s'agit d'appliquer la traction électrique aux réseaux de tramways des grandes villes?

* * *

Depuis, l'expérience en a été faite à une échelle considérable, nous dirions presque imposante, à Paris, la Ville Lumière, qui depuis des années prête si gracieusement ses rues et ses boulevards à l'essai en grand de tous les systèmes de traction sortis des cerveaux des inventeurs: générosité que ses habitants n'apprécient pas toujours au même degré que les dits inventeurs.

Ayant eu à diriger d'abord l'achèvement, et ensuite l'entretien de ces lignes équipées en Diatto, l'auteur a pu étudier à fond tous les avantages et les inconvénients inhérents à ce système, et sans avoir la prétention de résoudre définitivement la question qu'il vient d'énoncer, il croit cependant pouvoir fournir à ceux que la chose intéresse quelques éléments d'appréciation, qui ne sont plus, alors, des déductions à priori, des espérances, des probabilités, mais bien des résultats positifs, basés sur des faits acquis, sur une expérience de bientôt deux ans.

A Paris, le problème des transports en commun est singulièrement complexe, et suscite des considérations, des difficultés, des surprises, qui font totalement défaut presque partout ailleurs, sauf peut-être dans les quelques capitales qui, comme étendue et comme intensité de circulation, soient comparables à Paris.

D'une part, la recette par kilomètre-voiture, nécessairement très élevée, permet d'appliquer des systèmes de traction dont, ailleurs, soit le prix de revient de premier établissement, soit le coût élevé de l'entretien, serait prohibitif; mais, d'autre part, les sujétions que l'on y rencontre, soit par suite de la circulation et du roulage excessifs, soit par suite de la nature du sous-sol, très-variable, et encombré de canalisations et de travaux d'art de toute sorte, soit encore par suite des exigences administratives, sont d'une nature si spéciale, qu'à priori il ne paraît point impossible qu'un système de traction, qui réussirait ailleurs, rencontrât les plus graves difficultés à Paris.

Pendant la dernière période quinquennale, l'ensemble des réseaux de Paris s'est agrandi de plusieurs centaines de kilomètres de lignes de tramways, la plupart électriques, et appartenant presque toutes au groupe des lignes dites « de pénétration », ayant une partie de leur parcours intramuros, et une partie extramuros ; tous les modes de traction électrique connus jusqu'à ce jour y ont trouvé leur application : trolley, caniveau, accumulateurs (soit sur les voitures, soit sur des fourgons spéciaux), contacts superficiels de plusieurs systèmes (Claret-Vuilleumier, Diatto, Dolter, Védovelli), voire même le double trolley sans utilisation des rails comme conducteurs de retour, et enfin un certain nombre de combinaisons entre tous ces systèmes ; certaines voitures marchent sur des tronçons consécutifs de leur parcours, successivement par trolley, par accumulateurs, et par caniveau.

Malheureusement, ces réseaux ont été, pour la plupart, étudiés sans beaucoup de suite dans les idées ; ils ne se soudent pas entre eux, le choix des parcours et des terminus ne fut pas toujours très heureux, le matériel roulant est tout ce qu'il y a de plus disparate et de plus hétérogène, et ne répond le plus souvent ni aux besoins du public, ni aux besoins des compagnies ; bref, c'est la conception d'ensemble qui a fait défaut, et l'observateur attentif et impartial ne peut se dissimuler qu'à Paris, au point de vue de l'unification et de l'organisation méthodique des transports en commun, tout reste à faire.

Espérons que dans un avenir peu éloigné, lorsque les compagnies seront affranchies des deux maux qui, actuellement, dans un grand nombre d'entre elles, paralysent les meilleures volontés : surcapitalisation et conditions désastreuses des cahiers des charges, on assistera à un nouvel essor de cette industrie si particulièrement intéressante, essor basé sur une collaboration bien comprise de l'Administration et d'hommes techniques compétents, sachant profiter des leçons du passé et sachant porter leur regard en avant vers un avenir un peu plus éloigné que le jour d'achèvement des constructions.

*
* *

Les systèmes de traction par contacts superficiels se divisent en deux catégories : ceux où un seul distributeur qui donne le courant successivement à une série de pavés ou « plots » de contact dessert un certain nombre de ces plots, variable entre 20 et 40, comme, par exemple, le système Claret-Vuilleumier, et ceux où, comme dans le système Diatto, chaque plot contient en lui-même le distributeur ou plutôt interrupteur, actionné, dans la plupart des cas, par des électro-aimants placés sous la voiture.

Il est particulièrement aisé d'inventer un système de traction appartenant à cette dernière catégorie ; en effet, d'une part, on peut modifier à volonté la forme de cet interrupteur; la matière de ses pièces de contact, sa disposition à l'intérieur d'une boîte plus ou moins étanche, les ressorts ou contrepoids de rappel après fonctionnement, la rapidité et la distance de rupture, — ajouter des organes qui rendent cette rupture plus ou moins multiple, etc. ; et, d'autre part, avec un peu d'imagination, on dessinera sans grande peine des électro-aimants de formes variées, des barreaux ou frotteurs de prise de courant non moins variés, — et la combinaison de tous ces équipements de voiture, avec tous ces interrupteurs plus ou moins compliqués, donnera naissance à un nombre respectable de « systèmes » de traction dont cependant, à quelques rares exceptions près, les mérites n'ont pu encore être appréciés autrement que par les renseignements contenus dans les spécifications des brevets et par un modèle d'atelier ou de laboratoire. Bien entendu, l'inventeur a soin d'ajouter que, dans son système, « jamais un plot ne peut rester électrisé après le passage de la voiture. »

Nous n'avons nullement l'intention de décourager les chercheurs du système définitif de traction par contacts superficiels, ni de prétendre que toutes ces inventions ne puissent trouver certaines applications ; mais après deux années d'expérience pratique nous sommes convaincus qu'aucun de ces systèmes ne se soit encore autant rapproché que le système Diatto de la solution définitive que l'avenir nous apportera sans doute.

Ce dernier système se distingue nettement de tous ses congénères par deux traits caractéristiques qui en constituent la vraie supériorité : la simplicité élémentaire de sa partie mobile, et l'emploi d'un contact liquide (mercure) qui élimine la complication et les aléas des charnières, des pivots ou des ressorts. Car il faut bien se rendre compte que, sur une ligne où, par exemple, pendant 18 heures de la journée, il passe une voiture toutes les trois minutes, chaque appareil doit fonctionner 360 fois par jour ou, par an, 131 400 fois.

Les réseaux de Paris comportent environ 17 000 plots Diatto ; l'ensemble de ces appareils fonctionnerait donc 2 233 800 000 fois, soit plus de 2 milliards de fois par an ! En réalité, le chiffre actuel est inférieur, puisque l'intensité de service ne comporte pas encore partout une voiture toutes les trois minutes ; mais, sur certaines lignes et à certaines heures de la journée, les départs sont déjà plus rapprochés. — Si, ensuite, on se met dans l'esprit que chaque fonctionnement défectueux peut laisser le pavé de contact électrisé à un potentiel de 500 volts après le passage de la voiture, et qu'il suffit qu'un cheval mette le pied sur ce pavé pour qu'il soit instantanément foudroyé, on hésiterait quelque peu à se servir d'un appareil comportant une charnière ou un pivot, dont l'oxydation, la poussière, la boue, une légère déformation, peuvent compromettre le fonctionnement ; et, en même temps, on reconnaîtra que le système Diatto a atteint un remarquable degré de perfection pour avoir pu, depuis bientôt deux ans, assurer journellement le service sur presque 80 kilomètres de lignes à Paris, en ne provoquant que quelques accidents qui, quand on compare leur fréquence aux chiffres que nous venons de citer, sont parfaitement négligeables.

* * *

Les lignes de Paris, actuellement en service, se répartissent de la façon suivante entre les différentes Compagnies qui utilisent le système Diatto :

	LONGUEUR EN MÈTRES DE VOIE DÉVELOPPÉE
Compagnie des Tramways de l'Est Parisien	37 015
Compagnie électrique des Tramways de la Rive Gauche de Paris. . .	24 970
Compagnie des Tramways de l'Ouest Parisien.	9 948
Compagnie des Tramways électriques de Vanves à Paris et extensions	7 300
Total . . .	79 233 mètres

Le plan indique les tracés de ces lignes. (Voir la fig. 1.)

* * *

Après les considérations générales qui précèdent, nous aborderons la discussion plus détaillée du système, en examinant successivement :

1° La construction et le fonctionnement de l'appareil et du plot ;

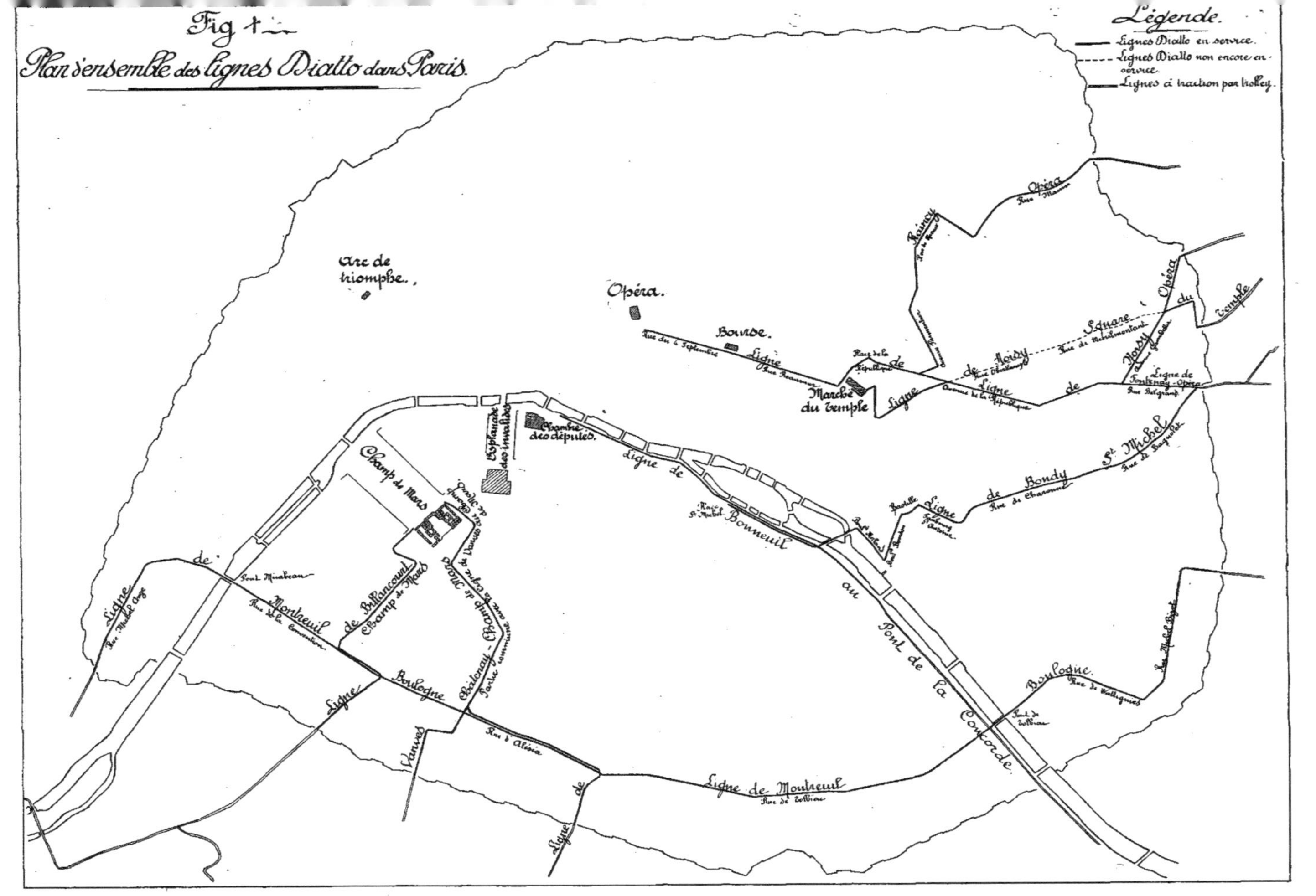
Fig 1
Plan d'ensemble des lignes Diatto dans Paris
Légende
Lignes Diatto en service.
Lignes Diatto non encore en service.
Lignes à traction par trolley.
Arc de triomphe.
Opéra.
Bourse.
Marché du temple
Chambre des députés
Esplanade des invalides
Champ de Mars
Ligne de Bonneuil
au Pont de la Concorde
Ligne de Montreuil
Ligne de Montreuil
de Billancourt
Champ de Mars
Boulogne
Vanves
Rue d'Alésia
Rue de Tolbiac
Bastille
Ligne de Bondy
Rue de Charonne
St Michel
Ligne de Fontenay-Opéra
Rue Belgrand
Opéra du temple
Square
Opéra
Rue Mozart
Pont Mirabeau
Rue de la Convention
Boulogne.
Rue de Wattignies
Avenue de la République
Rue Réaumur
Rue de Ménilmontant

Fig. 2 —
Appareil "Diatto" et plot en asphalte.

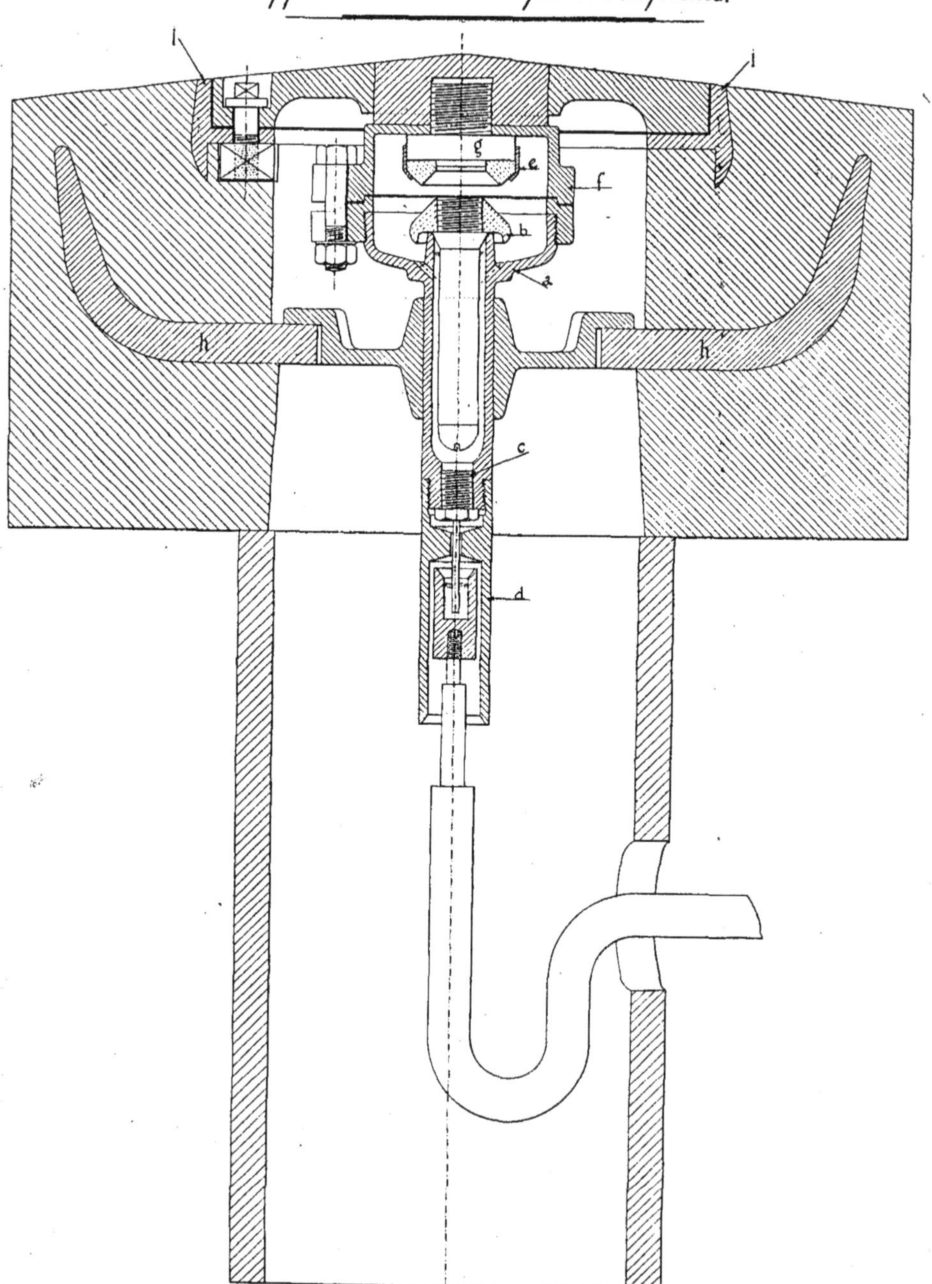

2° Sa pose sur la voie publique; les canalisations électriques;

3° Le prix de revient des installations fixes;

4° L'équipement des voitures;

5° Les causes et les effets d'un fonctionnement défectueux; les remèdes à y apporter;

6° Précautions spéciales à prendre dans l'établissements des voies; les traversées isolées;

7° Usure et entretien; coût et organisation;

8° Perfectionnements récents.

CHAPITRE I. — *La construction et le fonctionnement de l'appareil et du plot.*

Dans la suite, nous désignerons par le mot « appareil » la partie amovible constituant l'interrupteur proprement dit; nous appellerons « plot » le bloc de matière isolante (asphalte) encastré dans la chaussée et renfermant dans sa cavité centrale et cylindrique, fermée par un couvercle ou « tampon » métallique, l'appareil que nous venons de définir.

La description de cet ensemble a été donnée jadis par la plupart des publications techniques; nous pouvons donc nous borner à la résumer en quelques lignes, en donnant seulement quelques détails sur les procédés de fabrication et de montage.

Un godet *a* (fig. 1) en matière isolante (soit en ambroïne, soit en ébonite *) est rempli de mercure bien lavé, jusqu'à un niveau tel que la tête du « clou » *b*, baignant dans ce liquide, exerce sur le siége ou rebord, sur lequel

(*) L'ambroïne est, en général, préférable à l'ébonite, en raison de la plus grande précision obtenue par le moulage; toutefois, au bord de la mer, cette matière se désagrège rapidement sous l'influence de l'atmosphère saline.

il repose, une pression d'à peine 15 grammes; le poids total du clou est d'environ 150 grammes. On remarquera que la force magnétique capable de faire monter le clou est ainsi un minimum au moment où le clou se trouve dans sa position inférieure ou position de repos, c'est-à-dire lorsque l'entrefer (dont nous parlerons plus loin) est un maximum; cette disposition, extrêmement favorable, met immédiatement en évidence la grande supériorité du mercure sur tout ce qu'on pourrait lui substituer, par exemple les billes ou la limaille métallique que d'aucuns ont préconisées et qui n'ont guère d'autres avantages que celui de contourner le brevet Diatto, dont l'emploi du mercure constitue l'élément essentiel.

Avec les dimensions actuelles du godet en ambroïne et du clou, le poids du mercure nécessaire à la réalisation des conditions sus-énoncées est d'environ 115 grammes. L'arrivée du courant au mercure est assurée par un petit bouchon *c* en cuivre électrolytique, fileté et vissé dans la matière isolante, quand le godet est en ébonite; cannelé et excastré dans la pâte lors du moulage quand on emploie l'ambroïne. Ce bouchon porte à sa partie inférieure une petite tige en cuivre qui, à son tour, plonge dans un petit godet à mercure, vissé sur l'extrémité du fil de branchement amenant le courant; ajoutons qu'une cheminée *d*, en ambroïne ou en ébonite, est vissée sur l'extrémité inférieure du grand godet en matière isolante, protégeant ainsi le point de contact entre appareil et canalisation contre un envahissement possible de la cavité du plot par l'eau, provenant soit du sous-sol, soit de la chaussée; cette petite cheminée forme une cloche hydropneumatique où l'eau ne peut pénétrer. Une rondelle perforée en caoutchouc, interposée entre le fond de l'appareil et le petit godet vissé sur le fil de branchement, empêche la projection du mercure de ce dernier godet sous l'influence des trépidations.

La question en apparence si simple de l'obturation du godet d'ambroïne par un petit bouchon métallique a été une grave difficulté dans l'application du système Diatto : le mercure a la particularité de s'infiltrer, le long d'une surface métallique, dans des interstices presque microscopiques, ce qui, à la longue, peut amener des fuites souvent complètes de ce métal liquide; nous indiquerons plus loin les graves inconvénients de cette perte du mercure, ainsi que le moyen très ingénieux appliqué récemment pour y remédier totalement.

Le bord supérieur du godet d'ambroïne est fileté et se visse dans une bague *e* en laiton, portant trois oreilles fendues. Le joint entre le godet et cette bague est rendu hermétique par une dissolution de caoutchouc.

Dans le but d'assurer encore plus parfaitement le contact entre le clou et le mercure, le premier est muni, à son extrémité inférieure, d'un petit bouchon vissé, également en cuivre électrolytique, qui s'amalgame rapidement.

La tête du clou porte une pastille conique en charbon très dur et très pur, vissé et collé sur le fer. On aura soin, avant le montage, de chauffer pendant assez longtemps le clou, en vue de chasser l'humidité contenue dans le charbon ; la négligence de cette précaution a causé quelques surprises désagréables au début ; on trouvait des appareils, pourtant parfaitement hermétiques, recouverts intérieurement, après quelque temps de fonctionnement, d'un dépôt conducteur d'humidité dont on a longtemps cherché la provenance.

On adapte ensuite sur le godet d'ambroïne la cloche *f* en laiton, destinée à fermer l'appareil hermétiquement, et portant le contact supérieur contre lequel vient s'appliquer le clou lorsqu'il est attiré par les électro-aimants de la voiture. Ce contact supérieur est constitué par une rondelle en charbon présentant rigoureusement la même conicité que la pastille du clou. La cloche en laiton a une ouverture centrale par laquelle passe un bouchon *g* en fer très doux, tourné et fileté à deux diamètres différents et soudé dans la cloche ; la partie de ce bouchon sortant extérieurement de l'appareil se visse dans le tampon ou pavé de contact ; la partie dépassant à l'intérieur de l'appareil forme le siége de la rondelle en charbon qui, avec interposition d'une petite rondelle en tissu d'amiante (le mica n'ayant pas donné satisfaction), est pressée contre ce siége au moyen d'une bague taraudée en laiton ou en aluminium.

La soudure de ce bouchon en fer sur la cloche en laiton est une opération assez délicate, demandant beaucoup de soin ; il importe notamment que les deux pièces soient rigoureusement concentriques.

Enfin, deux petites vis empêchent qu'elles ne tournent l'une par rapport à l'autre, et que la soudure ne s'arrache sous l'effort souvent considérable qu'il faut exercer pour dévisser un appareil du tampon quand tout est rouillé.

La cloche en laiton est également munie de trois oreilles fendues correspondant à celles de la bague vissée sur le godet d'ambroïne ; elles reçoivent les trois boulons en acier avec écrous en laiton, qui permettent un serrage énergique et uniforme.

Le joint entre les deux pièces est constitué par une rondelle en papier buvard ordinaire trempé dans la cire bouillante.

Enfin l'appareil ainsi complété est soumis à un essai d'étanchéité : sur une petite ouverture ménagée latéralement dans la cloche en laiton, on adapte la tubulure d'un système de tuyaux en verre et en caoutchouc, remplis de mercure et permettant, en soulevant un réservoir de mercure, d'obtenir à l'intérieur de l'appareil essayé une pression absolue d'environ deux atmosphères ; si aucune fuite ne se révèle, il n'y a plus qu'à contrôler le fonctionnement du clou au moyen d'un électro-aimant d'un nombre connu d'ampères-tours, pour pouvoir livrer l'appareil sur les lignes.

*
* *

Nous avons cru devoir insister tant soit peu sur tous ces détails de fabrication et de montage, qui, à première vue, peuvent paraître fastidieux, puisque chacun d'eux est le résultat d'une série d'essais et de tâtonnements.

L'appareil tel que nous l'avons décrit et tel qu'il en fonctionne à Paris le nombre respectable de 17 000, ne ressemble plus guère à l'invention primitive, dont seuls les traits caractérisques : un électro-aimant attirant un clou en fer doux baignant dans du mercure, ont été conservés. Des recherches infatigables, des expériences laborieuses ont conduit à des perfectionnements et à des transformations successifs dont l'appareil actuel est le résultat.

*
* *

Il convient de dire quelques mots du circuit magnétique.

Nous verrons plus loin que le barreau ou frotteur de prise de courant est constitué par trois barres parallèles dans le sens de la voiture ; celle du milieu frotte sur les saillies des tampons métalliques ou pavés de contact ; les barres latérales restent quelques centimètres au-dessus du niveau de la chaussée La barre centrale est maintenue à une polarité magnétique opposée à celle des barres latérales.

Une pièce *h*, en fonte recuite (pour diminuer la remanence magnétique), présentant la forme de deux ailettes, se trouve noyée dans l'asphalte du plot, de telle façon que le bord reste encore à quelques centimètres au-dessous de la surface; l'écartement des ailettes est égal à celui des barres latérales du frotteur. A l'intérieur de la cavité cylindrique du plot, les ailettes présentent deux saillies sur lesquelles vient se placer une traverse amovible en fonte, percée au milieu pour livrer passage à l'appareil Diatto.

Le tampon obturateur du plot est en acier non-magnétique (ferro-nickel), sauf la partie centrale dans laquelle se visse l'appareil, et qui est, au contraire, en fer très doux; cette pastille est calée à la presse et à chaud dans le tampon en acier

Cet ensemble métallique, complété par les carcasses des électro-aimants de la voiture, forme deux circuits magnétiques dérivés, chacun presqu'entièrement fermé; les lignes de force se trouvent condensées dans le clou et dans le bouchon en fer doux (*g*, fig I.) Il en résulte qu'au moment du passage de la voiture le clou est attiré vers le haut; sa course est d'environ 11 millimètres et l'attraction magnétique est un maximum lorsque le clou est en haut, l'entrefer se trouvant alors réduit à un minimum ; la pression entre les deux charbons de contact peut ainsi devenir considérable, *ce qui est une condition essentielle, nous dirions même volontiers : la plus essentielle, du bon fonctionnement du système.*

La distance entre les plots (5 mètres) par rapport à la longueur du frotteur (6 mètres) est telle que ce dernier a déjà attiré le clou de l'appareil suivant, lorsque la voiture quitte le premier ; le clou, en retombant, ne fait donc que séparer deux surfaces qui se trouvent au même potentiel, de sorte que la formation d'une étincelle ou d'un arc de rupture est évitée.

C'est là une deuxième condition essentielle pour la bonne conservation des appareils.

*
* *

Nous avons dit que les «plots» étaient constitués par un bloc d'asphalte rectangulaire, présentant une cavité centrale.

La pratique a indiqué la meilleure composition de ce mélange à base d'asphalte, qui doit satisfaire à la condition d'offrir en même temps une très grande résistance à la compression, d'être homogène, de ne pas se déformer à une température assez élevée et d'être d'un prix de revient abordable Voici la composition sanctionnée par la pratique :

Asphalte en pain	48	Kg.
Brai sec	8,20	»
Sable	39,70	»
Soufre	4,10	»
	100,00	Kg.

Toutefois, la couche supérieure, qui est exposée à l'usure, ne contient ni sable, ni soufre, afin de rendre l'usure plus homogène.

Lors de la coulée, on place dans le moule les ailettes magnétiques en fonte, ainsi qu'une couronne *i* en bronze, formant le siége du tampon obturateur. Cette couronne est munie de trois trous, correspondant à ceux percés dans le tampon ; dans trois petites cavités ou niches rectangulaires, ménagées dans l'asphalte immédiatement en-dessous de ces trous, viennent se loger trois écrous en bronze, également rectangulaires, ce qui les empêche de tourner. Après interposition d'un joint en papier buvard, on fixe le tampon au moyen de trois boulons en acier, à tête carrée, noyée dans l'épaisseur du tampon.

Pour faciliter le démoulage, le moule est enduit de plâtre, tandis que les ailettes en fonte et la couronne en bronze sont préalablement peints au coaltar.

CHAPITRE II. — *La pose sur la voie publique ; les canalisations électriques.*

En alignement et en palier, les plots sont distants de 5 mètres. Ils sont scellés au moyen d'un coulis de ciment sur de petits massifs en béton, dont la forme et l'épaisseur peuvent dépendre de la nature du terrain. Une cheminée en poterie, prolongeant la cavité centrale du plot, se trouve encastrée dans le béton. Si le sol est très sec et absorbe facilement l'eau pluviale, cette cheminée peut constituer un drain suffisant ; mais l'évacuation rapide de l'eau est d'une nécessité si absolue pour le bon fonctionnement, que dans bien des cas il est indispensable de recourir à des travaux d'art spéciaux pour l'assurer. On raccordera alors ces cheminées en poterie, au moyen de petits drains transversaux, à un drain général dans l'entrevoie, avec chutes à l'égout. La constitution de ces drains dépend des circonstances locales ; des tuyaux en grès, simplement posés bout à bout, sans joints et noyés dans un lit de caillasse, donneront généralement satisfaction. Profondeur, profil, dimensions sont à déterminer dans chaque cas spécial.

A Paris, cette question du drainage a été tant soit peu négligée, ce qui a causé beaucoup d'ennuis et de difficultés. Nous n'hésitons pas à recommander de généraliser, sauf peut-être dans quelques cas très rares, le drainage des plots ; exécutés immédiatement, c'est-à-dire lors de la pose ou de l'équipement des voies, ces travaux n'augmenteront le prix de revient de l'ensemble que dans une proportion minime; faits après coup, en exploitation, et après pose des câbles, ils constituent, au contraire, une sujétion énorme, qui bien souvent se transforme en impossibilité matérielle. Les Compagnies de Paris en ont fait l'expérience à leur grand détriment.

* * *

Nous avons vu que le courant est amené à l'appareil par un fil branché sur le câble de travail, longeant la voie ; supposons une voie double avec deux câbles, un pour chaque voie, posés dans l'entrevoie ; c'est le cas général des lignes de Paris.

Il est utile de poser un câble spécial pour chaque voie, pour les deux raisons suivantes: d'abord, cela permet éventuellement une exploitation à voie unique, en cas de défaut sur l'un des câbles, et ensuite il convient de ne pas multiplier outre mesure le nombre de boîtes de branchement sur un même câble; ces boîtes constituent nécessairement autant de points faibles pour l'isolement, et déjà la nécessité d'en poser un tous les 5 mètres rend le problème de l'isolement des canalisations particulièrement délicat. Il ne serait pas recommandable non plus d'employer, sur un câble unique, des boîtes doubles T, contenant les deux branchements vers les plots des deux voies; car le plus souvent les conditions locales empêchent de poser les plots des deux voies juste en face les uns des autres.

La pose du câble de travail ne diffère évidemment pas sensiblement de la pose d'une canalisation électrique quelconque; l'emploi du câble sous plomb et armé est tout indiqué. A Paris, tout le pavage est fait sur béton ; pour les pavés en grès on interpose un matelas de sable de 10 cm pour diminuer la sonorité, tandis que les pavés en bois reposent directement sur le béton. Les câbles sont posés sous ce radier de béton, à une profondeur variable entre 40 et 50 centimètres; la tranchée est remplie de sable, et ensuite recouverte d'une chape de bitume d'environ un centimètre, servant d'avertissement aux ouvriers terrassiers.

On a utilisé généralement du câble armé de 50 millimètres carrés ; les branchements ou dérivations vers les plots sont constitués par des fils rigides de 5 mm de diamètre (20 mm^2), isolés au caoutchouc et protégés par une enveloppe de plomb; ce fil passe dans un tube en fer d'environ 3 cm de diamètre, enfoui dans le sol, et aboutissant d'une part près de la boîte de branchement sur le câble de travail, d'autre part à une fenêtre latérale ménagée dans la cheminée en poterie sous le plot; la longueur du fil de branchement est telle que le bout qui dépasse dans la poterie peut être plié en boucle; le fil est suffisamment rigide pour que son extrémité, munie du petit godet à mercure, puisse conserver une position fixe dans l'axe de la poterie, de façon à ce que, lors de la mise en place de l'appareil Diatto, la tige en cuivre de ce dernier vienne se loger dans le godet à mercure.

L'ensemble de cette canalisation donne cependant lieu à quelques critiques assez sérieuses, que l'expérience a confirmées.

D'abord, les câbles, avec cette multitude de boîtes de dérivation, ne peuvent à la longue conserver leur isolement dans la position qu'ils occupent en dessous du radier de béton de la chaussée, qu'à la condition qu'on assèche autant que possible le lit de sable dans lequel ils sont enfouis, ce qui revient à construire un drainage général dans l'entrevoie, — condition aussi nécessaire pour les câbles que pour les plots. Les fils de branchement passant par un tube en fer sont encore plus exposés que le câble de travail. On conçoit facilement que pour ceux-là l'emploi de fils ou câbles armés n'est pas possible ; or, depuis longtemps, les électriciens savent que le fil sous plomb est très rapidement attaqué dans le sol ; le tube en fer, ouvert à ses deux extrémités, ne pourra atténuer cette corrosion que dans une faible mesure ; il est vrai que ce tube a l'avantage de permettre le remplacement rapide d'une connexion, en limitant la fouille à l'endroit où se trouve la boîte, mais par contre il présente le grand inconvénient que, lors des manipulations que l'on doit souvent faire subir à l'extrémité du fil dans la poterie, ce fil, à l'entrée du tube, se détériore ; le plomb se déchire, et un défaut d'isolement se déclare inévitablement, surtout lorsque le bout du tube est mal ébarbé, ou que la pose n'a pas été effectuée avec tout le soin nécessaire. A Paris, de très nombreux défauts d'isolement ont été occasionnés de cette façon.

En résumé, le plan de pose des canalisations, suivi à Paris, nous paraît loin de présenter toutes les garanties d'un bon isolement et d'une longue durée ; mais hâtons-nous de dire que le problème est particulièrement difficile à résoudre et ne présente aucune analogie avec ceux qui avaient reçu, jusqu'à ce jour, leur solution dans la pratique courante des réseaux souterrains pour éclairage ou transport de force ; ces milliers de fils, amenant le courant à des appareils placés dans des cavités du sol, accessibles par le haut et par le bas, ne constituent certainement pas un ensemble bien facile à isoler sous un potentiel de 600 volts.

~ Fig. 3 ~

Plan de pose des plots et des cables. avec drainage.

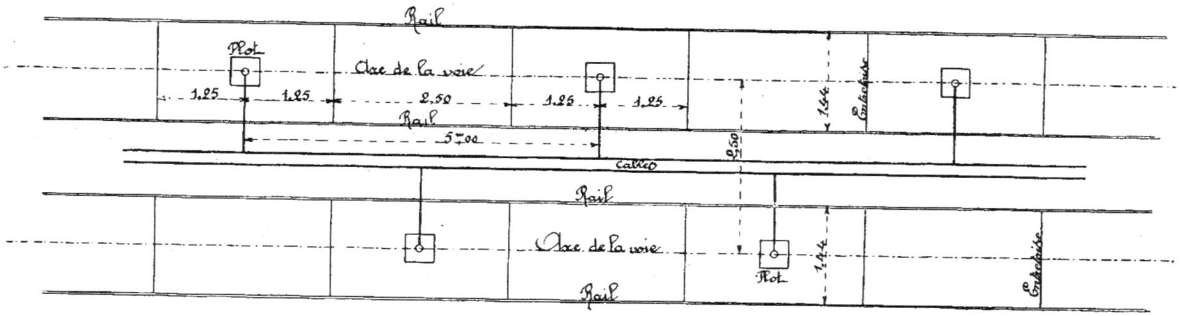

Rail

Plot

Axe de la voie

1,25 1,25 2,50 1,25 1,25

Rail

5m00

1,44

Entretoise

2m50

cables

Rail

Axe de la voie

Plot

1,44

Entretoise

Rail

Sur les lignes équipées récemment on a légèrement modifié la pose des câbles. D'abord, — et c'est le point essentiel, — on a généralisé le drainage.

Ensuite, les câbles ne se trouvent plus en-dessous, mais au-dessus du radier de béton, dans lequel on a ménagé une rigole de 25 centimètres de largeur, de 12 de profondeur. Dans cette rigole, dont le fond tous les 4 ou 5 mètres est percé de trous qui le mettent en communication avec le drain, on pose une goulotte en bois, dite « tube flamand » : deux madriers superposés, dont les deux faces en regard présentent chacune deux rainures demi-circulaires, formant par superposition deux tubes dans lesquels on loge les câbles ; au droit des boîtes de jonction, les bois présentent des encoches. Le tout est ensuite recouvert de sable et d'une couche de bitume au niveau du radier de béton de la chaussée.

Cette pose a le grand avantage de rendre le câble plus facilement accessible, ce qui est très appréciable à Paris, où tous les travaux entraînant la démolition du béton de la chaussée sont particulièrement coûteux.

Les fig. 3 et 3*bis* donnent une idée de ce nouveau plan de pose.

* * *

On a proposé un troisième mode d'installation des câbles, qui n'a pas encore été appliqué à une échelle suffisamment grande pour qu'on puisse en apprécier les avantage ou les inconvénients pratiques, mais qui, a priori, paraît devoir donner de bons résultats. La fig. 4 représente le schéma de cette distribution.

Le câble de travail se trouve posé, non plus dans l'entrevoie, mais sous les trottoirs, comme d'ailleurs les feeders; il n'y aurait plus qu'un seul câble pour les deux

~ Fig 3 bis ~

Plan de pose des plots et des cables avec drainage.

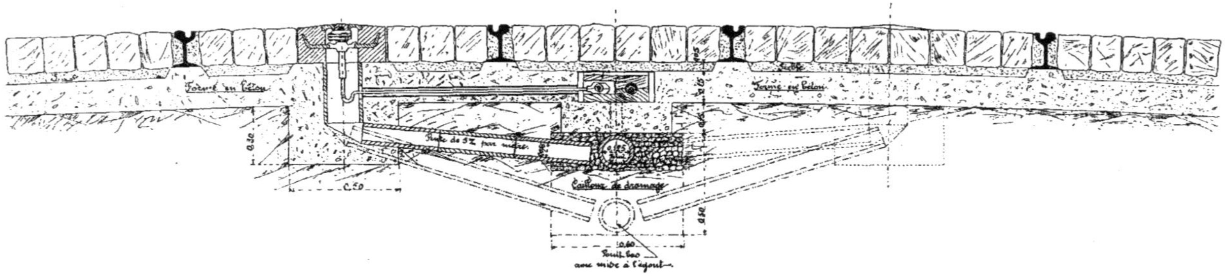

~ Fig. 4 ~

Nouveau schéma du cablage.

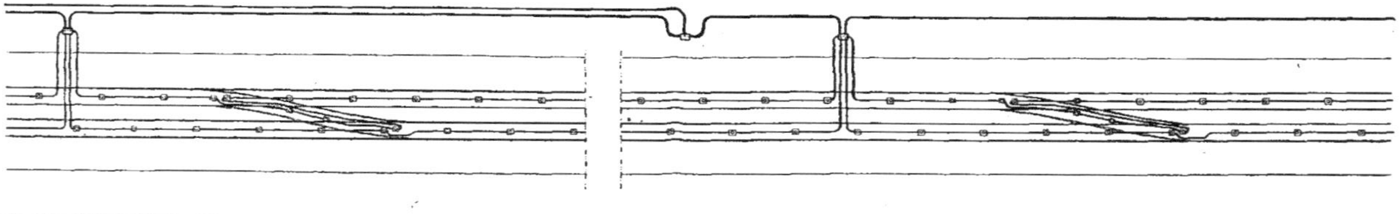

voies, de section calculée d'après l'intensité du trafic. A intervalles réguliers, correspondant par exemple à la distance entre deux bretelles, ce câble entrerait dans une boîte de coupure visitable, à six entrées, dont deux serviraient à l'entrée et à la sortie du câble de travail, les quatre autres à l'entrée de quatre câbles de travail secondaires, dits câbles de distribution, deux dans chaque direction et un par voie. Ce câble serait de section moindre, par exemple 20 à 30 millimètres carrés, et constitué par un nombre suffisant de brins pour qu'il soit relativement souple.

Suivons le parcours d'un de ces câbles de distribution; dans la boîte de coupure, des couteaux amovibles permettent de les connecter ou de les déconnecter à volonté au câble de travail; il rejoint ensuite le premier plot, se trouvant en face de la boîte. Les puits en poterie des plots consécutifs sont réunis par des conduites en grès, encastrées dans le radier de béton de la chaussée et, par conséquent, à l'abri de toute humidité; le puits serait utilement constitué par une cheminée en poterie, de forme spéciale, présentant deux tubulures, diamétralement opposées, placées dans le sens de la voie; les conduites susmentionnées se raccorderaient, au moyen de joints en ciment, à ces tubulures.

Le câble distributeur, pénétrant dans le puits du premier plot, est coupé à une longueur telle qu'une boucle d'une certaine longueur reste disponible dans le puits; si le câble est protégé par une enveloppe de plomb, cette protection est enlevée à partir du point où le câble sort de sa conduite, en vue d'augmenter la souplesse de la boucle libre.

Ensuite, le câble se trouve coupé en morceaux de longueurs suffisamment supérieures à la distance entre deux plots, pour qu'après leur mise en place dans la conduite il reste dans chaque puits une spire ou boucle, comme nous venons de décrire; le dernier morceau, en sortant du plot qui se trouve en face de la boîte de coupure suivante, rentre dans celle-ci.

Dans les puits, les extrémités de deux morceaux de câble consécutifs sont réunies au moyen d'une petite boîte de jonction spéciale en matière isolante (ébonite ou porcelaine) portant une pièce de contact pour l'appareil Diatto. Il sera facile d'effectuer la jonction des câbles, les spires souples permettant de faire le travail à la surface du sol. La petite boîte de jonction sera suspendue à une petite traverse de forme convenable, fixée soit dans deux fenêtres pratiquées dans la poterie, soit dans l'asphalte du plot.

Le contact à mercure entre l'appareil Diatto et le câble sera remplacé par un contact à ressort.

La position des boîtes de coupure par rapport aux bretelles serait utilement choisie de telle façon qu'elles se trouvent de deux ou troits plots en avant sur les pointes des aiguilles.

Il va de soi que l'ensemble constitué par les puits en poterie et les conduites qui les réunissent sera soigneusement drainé, avec chutes à l'égout.

Il n'est pas douteux que cette solution ne soit supérieure au mode de canalisation adopté à Paris. Elle supprime, en effet, cette multitude de boîtes de branchement; les câbles distributeurs sont facilement visitables; les tronçons peuvent être remplacés sans qu'il soit nécessaire de pratiquer des fouilles dans la chaussée; le courant arrive toujours de deux côtés, de sorte que l'on peut même retirer un tronçon de câble avarié sans troubler l'exploitation et enfin, en cas de défaut grave, le sectionnement de la ligne permettant une exploitation partiellement à voie unique entre deux ou trois bretelles sera toujours facile à réaliser.

* * *

Il est à souhaiter que, dans les applications ultérieures du système Diatto, cette importante question des canalisations reçoive plus d'attention qu'on n'y a apporté à Paris, où l'on ne s'est pas suffisamment rendu compte que ce mode d'alimentation d'un système de traction par des câbles enfouis dans le sol, si différent du fil de trolley ou de caniveau, où le conducteur de prise de courant est, sinon visible, du moins accessible sur tout son parcours, introduisait un élément nouveau dans le problème de la traction électrique.

Pour terminer ce chapitre sur la pose du système sur la voie publique, nous ajouterons qu'à Paris, dans le but d'augmenter la stabilité des plots dans la chaussée, et notamment pour combattre toute tendance à un déplacement dans le sens du roulement des voitures, on a cru devoir les emprisonner entre deux entretoises ordinaires boulonnées aux rails. L'utilité de cette mesure est fort discutable, mais nous ne croyons pas qu'elle puisse être directement nuisible. Nous verrons plus tard que le fonctionnement du système Diatto se trouve gravement menacé lorsqu'on répand du sel sur la chaussée pour activer la fonte de la neige, mesure que, d'ailleurs, on n'applique à une si grande échelle qu'à Paris, où l'on en abuse même volontiers.

La présence des entretoises contre les plots peut, dans une certaine mesure, aggraver la situation dans ce sens qu'elle peut augmenter l'intensité des dérivations par le sol, devenu conducteur par l'infiltration de l'eau salée, mais on est à notre avis allé beaucoup trop loin en attribuant à ces entretoises tous les ennuis occasionnés par le salage de la chaussée. Sur une certaine longueur de voie les entretoises ont été écartées des plots ; lors du salage, en décembre 1901 et janvier 1902, on n'a point pu constater que cette modification eût eu un effet appréciable.

CHAPITRE III. — *Le prix de revient des installations fixes.*

Le coût de premier établissement d'une voie équipée en Diatto est évidemment un chiffre qui varie avec les circonstances locales. Etant donné que le système est surtout destiné aux grandes villes, où les travaux de voirie sont généralement très coûteux, nous donnerons pour cette partie de l'installation *des chiffres maxima*. Le prix des rails n'est pas moins variable ; dans le tableau ci-après, nous avons introduit le prix moyen actuel de fr. 20.— les 100 kil., pour rails fournis à pied d'œuvre. Enfin, quant à l'équipement Diatto proprement dit, c'est à dire les «plots» et les «appareils» avec leurs accessoires immédiats, le prix par kilomètre de voie dépend de l'importance des installations, ainsi que des arrangements spéciaux que l'on ferait, selon les différents pays, dans chaque cas particulier avec les propriétaires des brevets. Ce prix sera généralement compris entre fr. 25 000 et fr. 35 000. Nous adopterons une moyenne de fr. 30 000.

Le coût total s'établit donc de la façon suivante pour un kilomètre de voie *simple* en rails de 45 kil., du type « Broca ».

A) *Rails et éclisses.*

95 000 kg. de rail à fr. 20 . . .	fr.	19 000
Entretoises, éclisses, boulons. .	»	3 000
A reporter :	fr.	22 000

Report :	fr. 22 000	
Manutention des rails	» 1 000	
Fausses coupes et pertes . . .	» 500	
	fr.	23 500

B) *Travaux de voirie.*

(Nous supposons une voie établie sur chaussée en pavage en grès, avec réemploi des vieux pavés.) Dépavage et rangement des pavés, fouilles, transport de la vieille forme aux décharges publiques, pose des rails, règlement de la voie, pose des entretoises et éclissage, confection du béton sur 0m15 d'épaisseur et 2m50 de largeur, solins de béton sous les rails, fourniture et pose des connexions («railbonds»), sable pour repavage, main-d'œuvre pour repavage . . fr. 22 000

C) *Pose des équipements Diatto.*

Main-d'œuvre et fournitures pour la pose de 220 plots, confection des massifs en béton, pose du tuyau de drainage transversal, tube en fer pour fils de branchement . . . . fr. 2 200

D) *Rigole centrale pour drainage.*

Fouille, cailloux et tuyaux pour drain, chute à l'égout, rigole en béton avec enduit en ciment, tubes flamands pour protection des câbles, sable, chape en asphalte au dessus des câbles . . fr. 18 000

E) *Canalisations électriques.*

Deux câbles armés de 50 mm^2, fils de branchement vers les plots, boîtes de jonction, matériel d'isolement, main-d'œuvre, mise en place et réglage des appareils . . . . fr. 10 700

F) *Appareillage Diatto.*

Prix moyen (voir ci-dessus) . . . . fr. 30 000

Total fr. 106 400

Nous répétons que ces chiffres sont des maxima, basés sur les prix des travaux de voirie à Paris.

Le prix de revient d'une voie double sera très sensiblement inférieur à deux fois le prix de la voie unique ; en effet, la rigole pour les câbles, le drainage longitudinal, ainsi que les deux câbles distributeurs ne changent point, qu'il s'agisse d'une voie simple ou double ; en calculant sur les prix de base que nous avons introduits dans le calcul précédent, on trouve que le prix de revient de la voie double équipée en Diatto s'élèverait dans les mêmes conditions à environ fr. 185 000.

Les prix supposent l'emploi exclusif des appareils du dernier modèle, dont il sera question plus loin, et de plots avec revêtement en céramo-cristal.

L'adoption du nouveau plan de pose, décrit dans le chapitre précédent, ne modifiera que fort peu le chiffre total; il faudra ajouter le prix des conduites réunissant les plots successifs ; le coût du câblage se trouvera aussi légèrement majoré.

CHAPITRE IV. — *L'équipement des voitures.*

Le frotteur de prise de courant se compose de trois barres parallèles d'une longueur de 6 mètres. La barre du milieu, touchant les tampons des plots, a une largeur de 90 et une épaisseur de 15 mm ; les barres extérieures mesurent 50 × 13 ; la largeur totale de l'ensemble est de 420 mm.

A des intervalles réguliers de $1^{m}250$, ces trois barres sont réunies par la carcasse en fonte d'un électro-aimant qui, en dehors de ses fonctions magnétiques, assure la rigidité de l'ensemble et sert de point de suspension.

Le problème magnétique consiste à maintenir sur toute sa longueur, d'une façon aussi uniforme que possible,

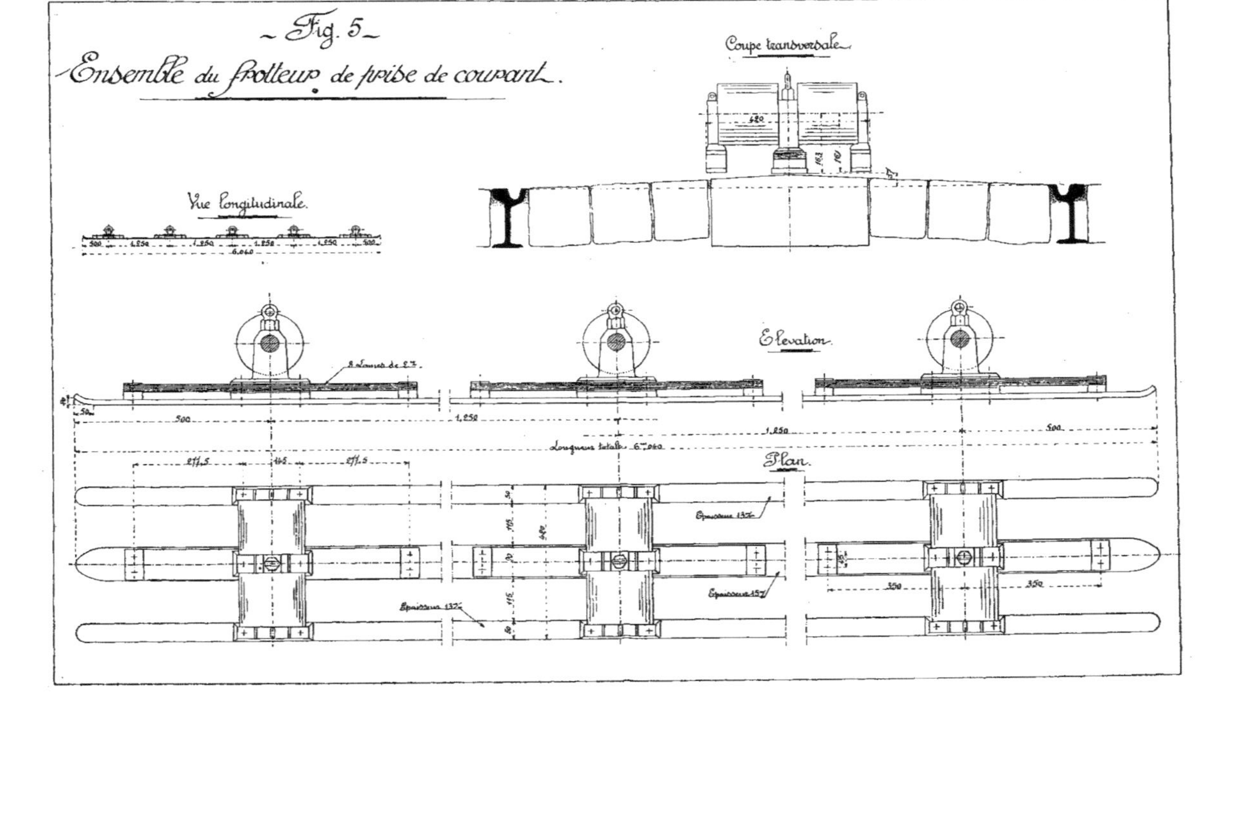
~ Fig. 5 ~
Ensemble du frotteur de prise de courant.
Coupe transversale
Vue longitudinale
Élevation
Plan
Longueur totale 6m,060
Epaisseur 13%
Epaisseur 15%
Epaisseur 13%
500
1,250
1,250
500
277,5
145
277,5
350
350
6,060
620

la barre centrale à une polarité opposée à celle des deux barres latérales; les électros, disposés ainsi que l'indique la fig. 5, réalisent cette condition d'une façon, évidemment non parfaite, mais très suffisante.

En vue de répartir le magnétisme encore plus uniformément sur toute la longueur, les paliers centraux des électros ne reposent pas directement sur la barre, mais sur une espèce de pont en lames d'acier, qui ne s'appuie sur la barre que 35 centimètres en avant et en arrière du centre de l'électro (voir la fig. 5) ; ces ponts pourraient être appelés les « feeders magnétiques » du système.

Les bobines magnétisantes sont constituées par une carcasse de laiton (tube et joues) et recouvertes d'une enveloppe en zinc, soudée aux joues.

L'enroulement comprend 500 spires de fil fin (22/10) et 88 spires de fil gros (50/10). Nous verrons plus loin que le courant dans les premières est d'environ 4 ampères, dans les secondes d'environ 20 ampères, quand la batterie seule débite ; la force magnétomotrice par bobine est par conséquent $4 \times 500 + 20 \times 88 = 3{,}760$ ampèretours.

La fig. 6 indique le schéma des connexions de la voiture, pour autant qu'il s'agisse du circuit spécial de l'équipement Diatto. Un commutateur double permet de raccorder le câble allant aux bornes d'entrée des contrôleurs, soit à la perche de trolley, soit au circuit du frotteur Diatto.

Au début, on avait prévu une excitation « compound », de ce frotteur ; une petite batterie d'accumulateurs devait donner constamment le courant dans les enroulements en fil fin, groupés en cinq dérivations, de chacune deux bobines en série ; la voiture étant arrêtée, ce circuit

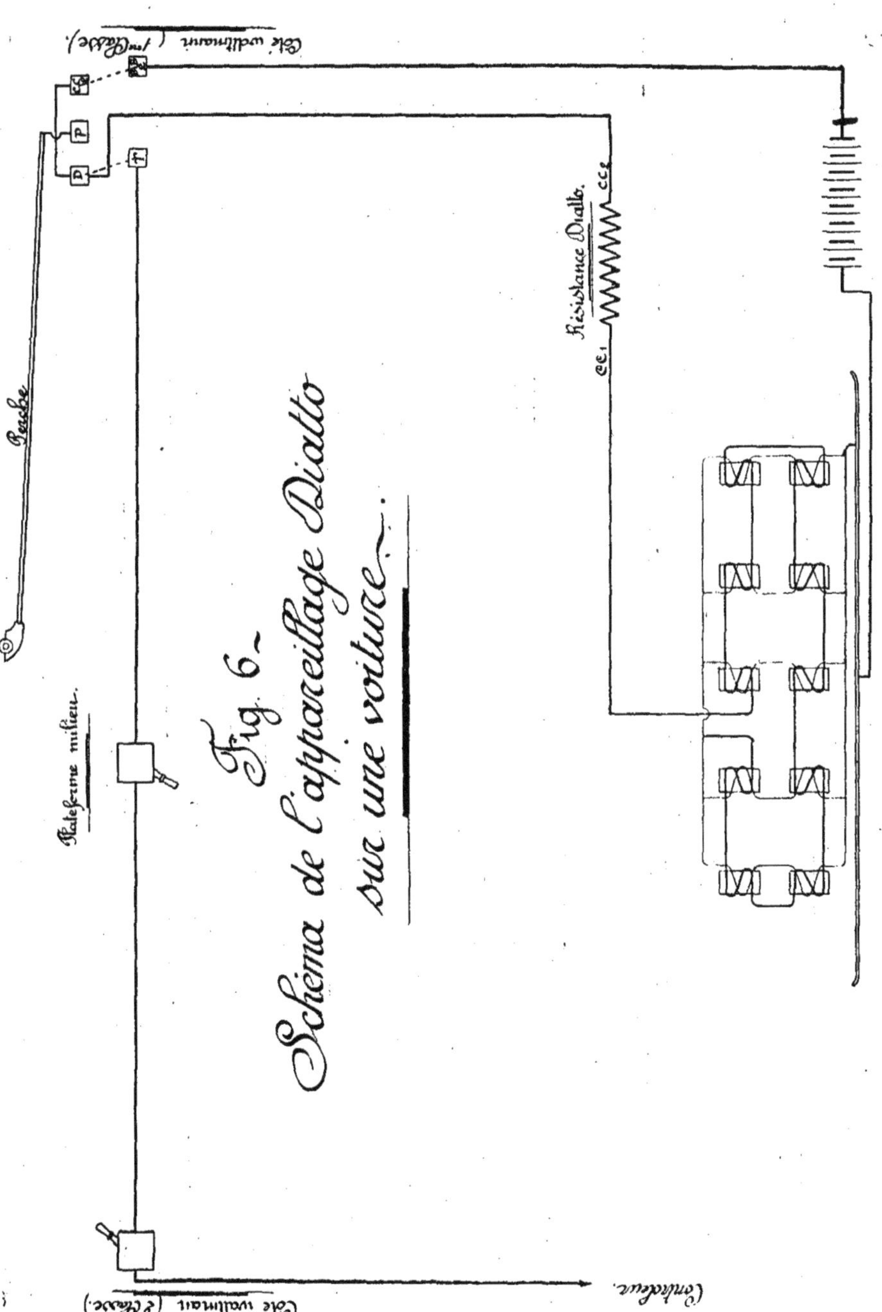

Fig. 6 — Schéma de l'appareillage Diatto sur une voiture.

des accumulateurs, complètement indépendant, assurait continuellement l'attraction du clou ; en marche, l'excitation était renforcée par les enroulements en fil gros, connectés en série pour toutes les 10 bobines et parcourus par le courant total, capté par le frotteur et passant aux moteurs. Cette disposition, extrêmement logique parce qu'elle fait croître l'attraction magnétique du clou, c'est à dire l'intimité du contact, avec l'intensité du courant demandé à l'appareil Diatto, a été abandonnée à Paris, à cause des difficultés d'exploitation résultant de l'épuisement rapide des accumulateurs ; en effet, les parcours sur les lignes Diatto étant fort longs et le service journalier ayant une durée de près de vingt heures, il eût été nécessaire de changer les batteries en route, si l'on ne voulait pas augmenter outre mesure leur poids. Cette sujétion a fait renoncer les Compagnies de Paris à l'emploi de l'excitation initiale indépendante, donnée par des piles secondaires ; on a adopté alors le schéma de la fig. 6.

Le courant capté par le frotteur, divisé dans 5 circuits dérivés, parcourt d'abord les enroulements en fil fin, et ensuite successivement tous les enroulements en fil gros, connectés en série ; immédiatement après la sortie de ces derniers se trouve intercalée dans le circuit une résistance d'environ 0,2 ohms en fil de maillechort, que le courant parcourt avant d'atteindre les moteurs ; entre le frotteur et la sortie de cette résistance, se trouve dérivée la batterie d'accumulateurs (nous supposons évidemment que le commutateur à deux directions se trouve dans la position indiquée par la figure).

Quant le circuit des moteurs est ouvert, c'est-à-dire quand la voiture est arrêtée, la batterie (composée de 8 éléments de 150 ampères heures) débite environ 20 am-

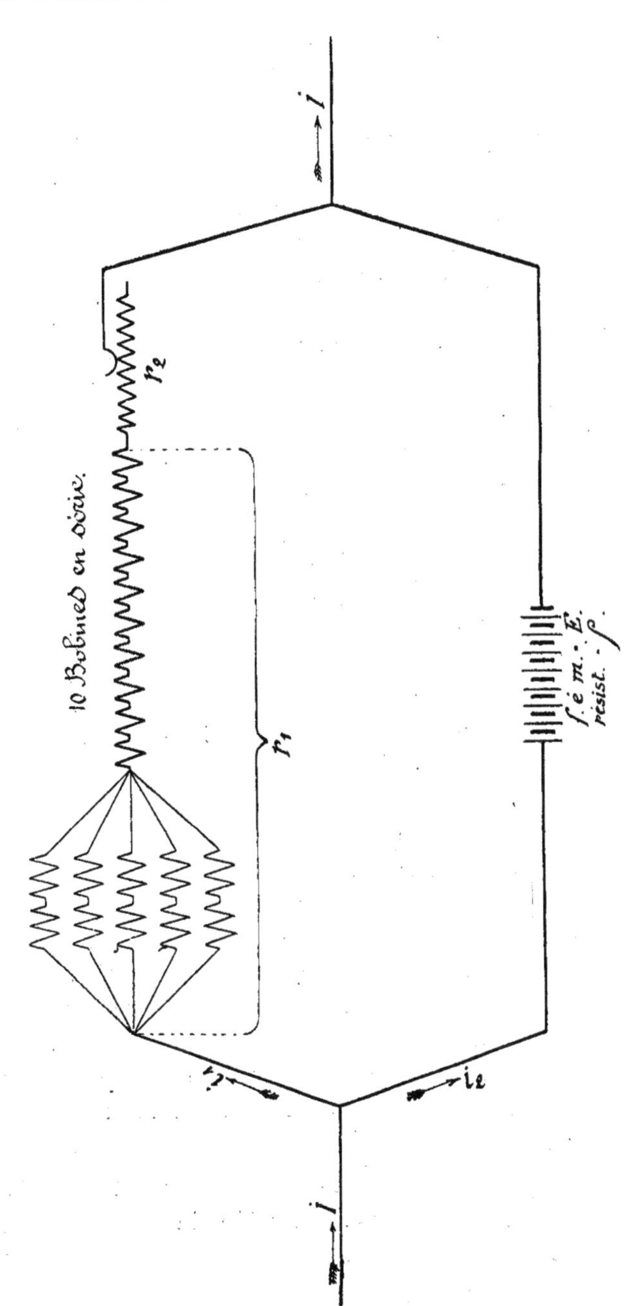

Fig. 7.

pères dans les enroulements magnétisants et la résistance ; or, il est facile de voir que ce courant magnétisant croît beaucoup plus lentement que le courant total de la voiture, et est même sensiblement constant.

Soit I ce courant total, i_1 celui dans l'ensemble des bobines magnétisantes r_1 et la résistance r_2, et enfin i_2 le courant dans la batterie de force électromotrice E et de résistance ρ ; (voir fig. 7).

Les lois de Kirchhoff donnent, en posant $r_1 + r_2 = R$:

$$i_1 R = E + i_2 \rho$$

$$I = i_1 + i_2$$

d'où

$$i_1 = \frac{E + I\rho}{R + \rho} \qquad (1)$$

$$i_2 = \frac{IR - E}{R + \rho}. \qquad (2)$$

ρ étant une résistance extrêmement faible vis-à-vis de R, la valeur de i_1 ne croît que faiblement avec celle de I, tandis qu'au contraire i_2, c'est-à-dire le courant qui recharge les accumulateurs, augmente presqu'aussi vite que I ; il s'annule pour $I = \frac{E}{R}$, et devient négatif (c'est-à-dire les accumulateurs se déchargent) pour $I < \frac{E}{R}$. Nous avons dessiné ci-contre (fig. 8) les fonctions 1 et 2 pour les valeurs suivantes, correspondant très sensiblement à la réalité :

$$\left.\begin{array}{l} E = 16 \text{ volts} \\ \rho = 0{,}012 \text{ ohms} \end{array}\right\} \text{supposés constants.}$$

$$\begin{array}{l} r_1 = 0.6 \;\text{»} \\ r_2 = 0{,}2 \;\text{»} \\ R = 0{,}8 \;\text{»} \end{array}$$

Dans ρ et r_2 nous avons compris la résistance des câbles de raccord.

Au point de vue de l'attraction magnétique cette disposition des circuits est donc très inférieure au compoundage, mais elle offre certaines facilités dans la manutention des batteries, qui n'ont besoin de recevoir une

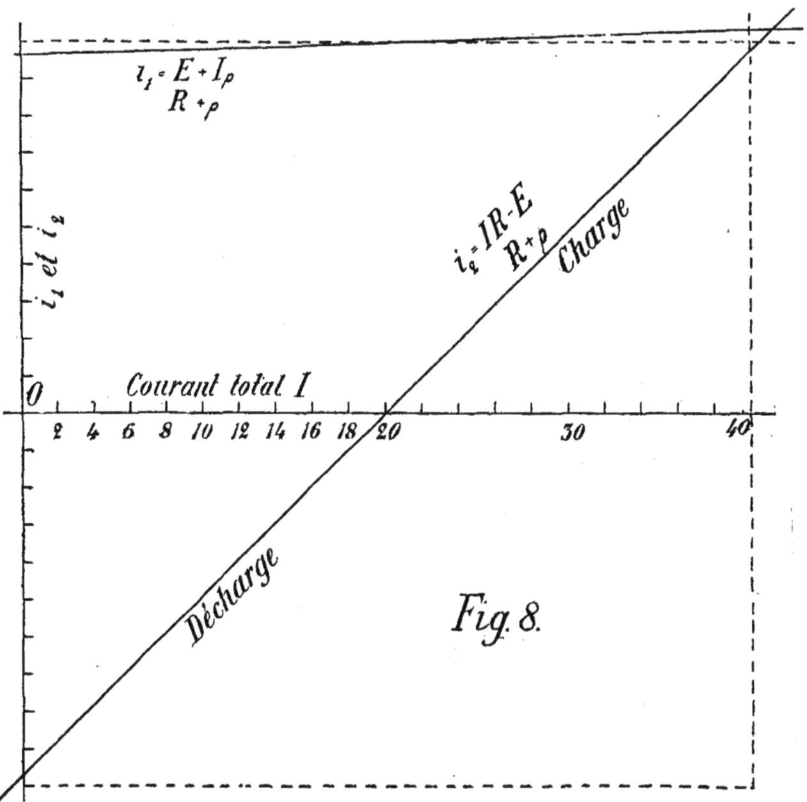

Fig. 8.

nouvelle charge supplémentaire qu'après deux ou trois jours de fonctionnement.

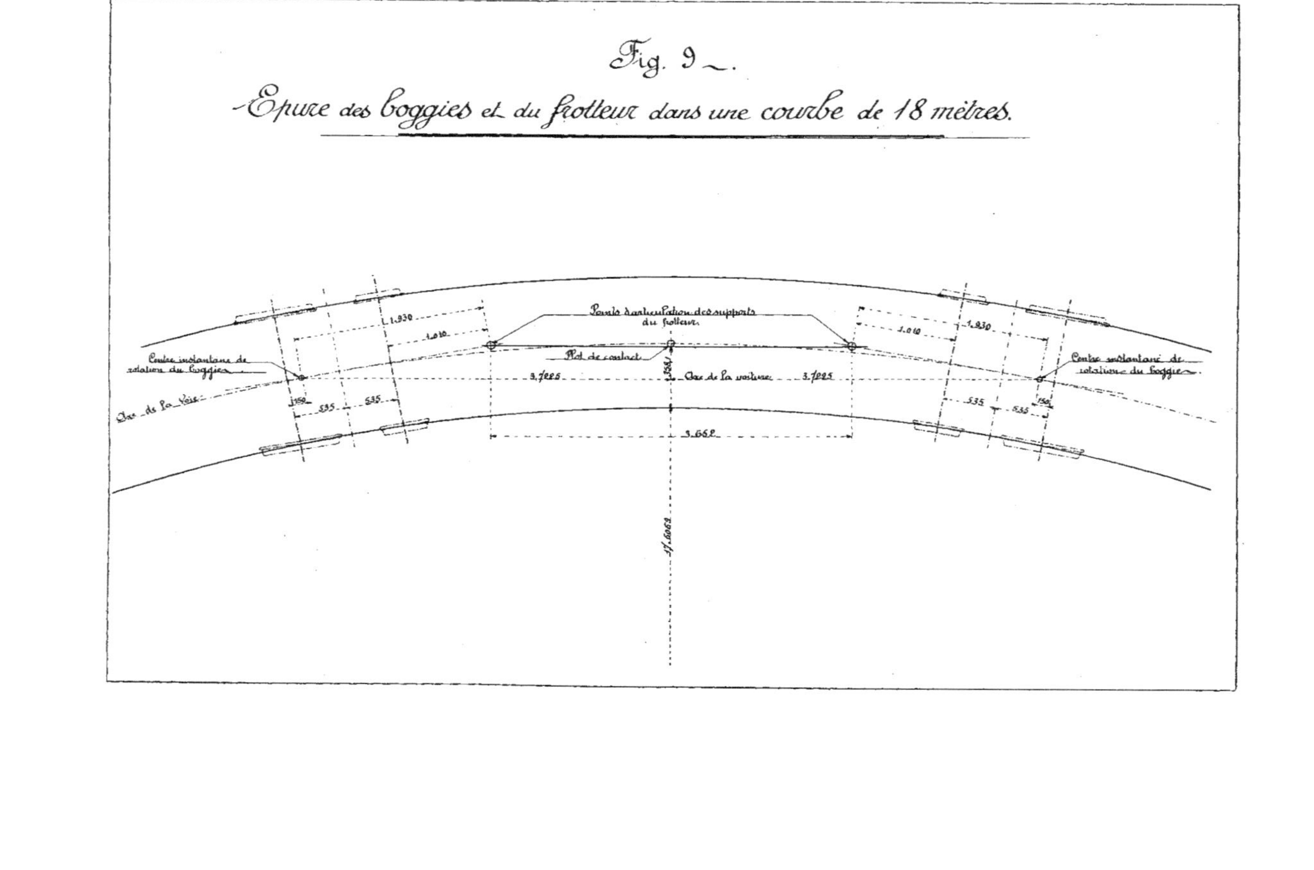
Fig. 9 ~.
Epure des boggies et du frotteur dans une courbe de 18 mètres.
Points d'articulation des supports du frotteur
Plot de contact
Centre instantané de rotation du boggies
Centre instantané de rotation du boggie
Axe de la voie
Axe de la voiture
1.930
1.010
3.7225
3.7225
3.662
535
535
150
17.6062

Dans le cas considéré i_2 s'annule pour I = 20 ampères; on pourra évidemment, en ajustant convenablement la résistance additionnelle r_2, tenir compte du profil de la ligne : là, où en moyenne la consommation de courant, soit par suite des rampes, soit par suite de la fréquence des démarrages, est considérable, on réduira r_2; la charge de la batterie ne commencera qu'à partir d'une valeur de I, supérieure à 20 ampères; si, au contraire, les voitures ne prennent en moyenne que très peu de courant, on a tout intérêt à augmenter r_2; chaque cas mérite une étude spéciale.

* * *

La suspension du barreau est un problème mécanique qui demande une étude très attentive pour chaque type de voitures; souvent les autres organes électriques et mécaniques (moteurs, freins à main, freins à air, compresseurs, etc.,) encombrent l'espace disponible à tel point qu'il n'est pas facile d'y loger le frotteur avec ses bobines. Nous avons dit que les carcasses des électros servaient en même temps de points de suspension; dans le cas de voitures à deux essieux fixes on suspendra le barreau directement au truck (muni dans ce but de traverses spéciales), au moyen de resssorts à spirale réglables, en interposant des boules isolantes comme on en emploie pour les lignes aériennes.

Les voitures à boggies demandent un dispositif spécial. Le plus simple serait évidemment de suspendre le frotteur à la caisse, mais par suite du grand écartement (7 m 445 pour les voitures de Paris) entre les pivots des boggies, le désaxement de la caisse dans les courbes de faible rayon (18 à 20 mètres) est si considérable (35 centimètres) que le frotteur se rapprocherait trop du rail intérieur de la courbe; les plots devraient être désaxés également, très rapprochés, ou présenter une surface métallique élargie.

L'inconvénient disparaît presqu'entièrement par le dispositif représenté schématiquement par la fig. 9. Les essieux intérieurs des boggies portent chacun deux paliers, auxquels est fixé un support semi-circulaire en fer double T.

Les sommets de ces deux demi-cercles se trouvent en alignement à une distance de $3^{m}60$. En courbe, cette distance ne varie que très peu, et en même temps, ces deux sommets suivront des trajectoires qui ne s'écartent pas notablement du plan vertical passant par l'axe de la voie, tout en restant du côté convexe de ce plan. Dès lors, on conçoit qu'une poutre, s'appuyant sur les sommets des deux supports semi-circulaires, de telle façon que les points d'appui permettent de légers déplacements longitudinaux, restera très sensiblement tangente au plan vertical passant par l'axe de la voie.

Cette poutre (constituée par deux longerons parallèles en fer double T, distants de 54 cm) peut donc fournir les points de suspension pour le frotteur, qui s'écartera suffisamment peu de l'axe de la voie pour qu'il soit inutile de désaxer les plots ou de leur donner une largeur plus grande, à condition de réduire environ de moitié les intervalles.

Ajoutons que la charpente de suspension du frotteur est complétée par un dispositif (pignon, secteur denté et excentrique), qui permet de soulever la poutre portant le barreau d'environ 8 centimètres, pour éviter, sur les parcours par trolley, des chocs inutiles et dangereux contre le frotteur.

L'ensemble de l'appareil de suspension est représenté par la fig. 10.

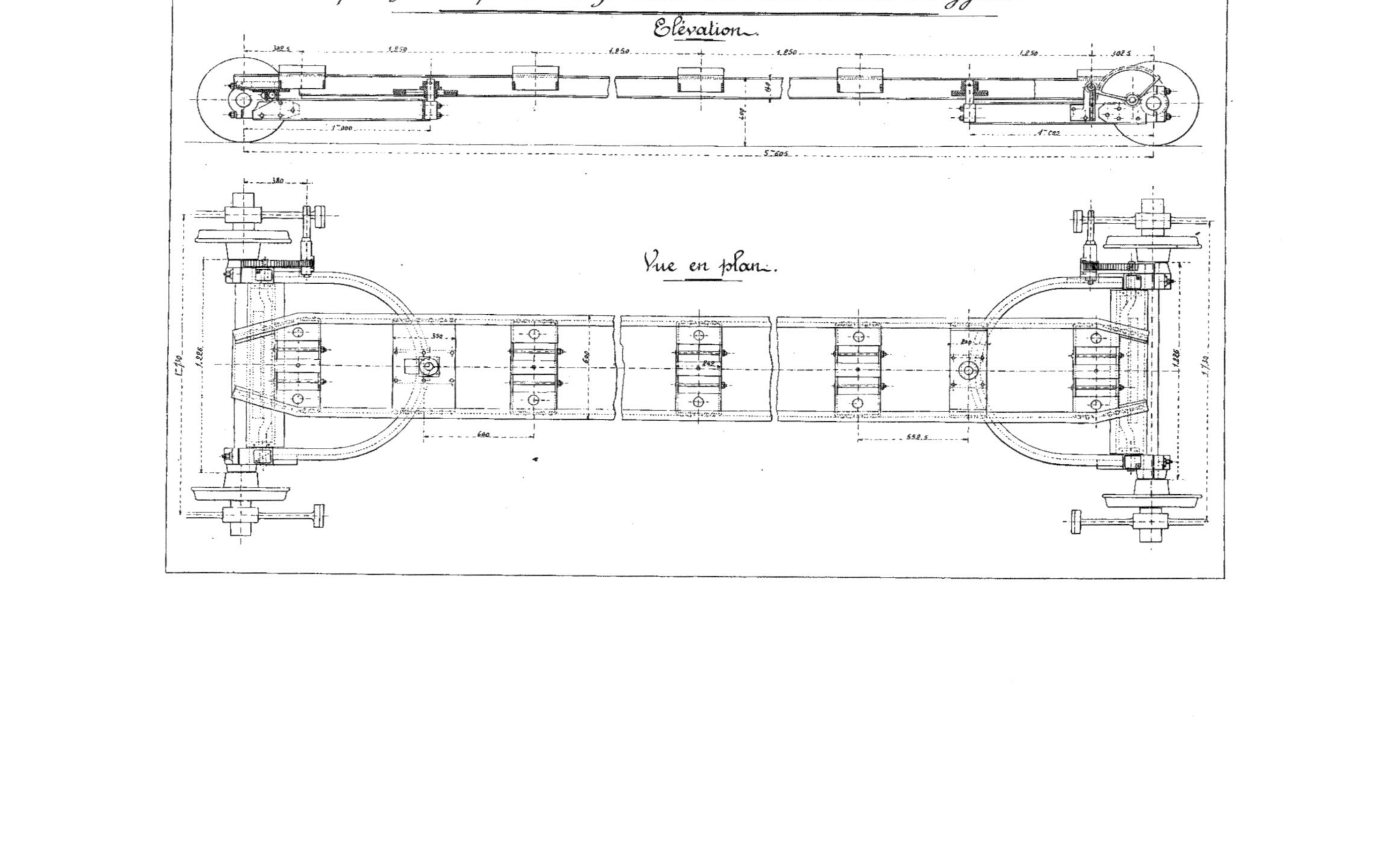
Fig. 10 –
Dispositif de suspension du frotteur sur une voiture à boggies.
Élévation.
Vue en plan.
302,5
1,250
1,250
1,250
1,250
302,5
1m000
1m002
5m605
380
350
600
640
552,5
1,226
1,226
1,730
1,730

*
* *

On ne peut se dissimuler que, dans la forme actuelle du frotteur, les bobines et surtout leurs connexions sont particulièrement exposées à l'eau et à la boue de la chaussée et aux lésions mécaniques ; malgré tous les soins apportés à la fabrication des bobines, qu'on laisse pendant plusieurs heures dans un bain de paraffine bouillante avant de fermer hermétiquement l'enveloppe, des avaries ne sont pas rares et il y aurait lieu, pour toute application ultérieure, d'étudier une protection plus efficace, mettant mieux à l'abri ces enroulements et ces connexions, qui se trouvent au potentiel de la distribution et à si faible distance du sol.

Quant au mode d'excitation, nous n'hésitons pas à condamner la méthode actuellement appliquée à Paris ; *il conviendrait, à notre avis, de revenir à l'excitation indépendante, au moyen d'une batterie d'accumulateurs, au besoin de capacité augmentée, et au compoundage des bobines par le courant principal des voitures.*

La faiblesse, ou plutôt la constance de l'aimantation actuelle, est, sans aucun doute (des essais de laboratoire avec aimantation renforcée le confirment d'une façon irréfutable), une des causes principales de la détérioration des appareils Diatto, qui sera étudiée dans le chapitre suivant.

*
* *

CHAPITRE V. — *Les causes et les effets d'un fonctionnement défectueux ; les remèdes à y apporter.*

Un défaut de fonctionnement ne peut avoir qu'un seul inconvénient et ne se manifester que d'une seule façon :

l'électrisation permanente d'un plot après le passage d'une voiture.

Analysons les phénomènes qui peuvent amener ce résultat. Nous les grouperons en quatre catégories.

1re categorie. — Le «collage magnétique» du clou est une possibilité qui, fort probablement, doit être écartée ; le peu de magnétisme remanent qui peut subsister quand la cause magnétisante a disparu ne peut jamais suffire pour porter le clou ; tout au plus, peut-il y avoir une certaine lenteur dans la disparition du flux magnétique, ce qui aurait pour effet que le clou ne tombe que lorsque l'extrémité du frotteur a déjà quitté le plot, ce qui, dans certaines limites, bien entendu, est même une circonstance très favorable que l'on cherche à créer artificiellement, en donnant à l'extrémité du frotteur cette forme légèrement recourbée ; grâce à cela, on obtient que le contact électrique entre frotteur et plot soit déjà franchement rompu, alors que l'attraction magnétique, quoiqu'affaiblie, maintient encore le clou pendant un instant très court en contact avec le tampon ; dans ces conditions, si, pour une cause quelconque, le plot suivant est «mort», c'est-à-dire ne contient pas d'appareil, on parvient à réduire, peut-être même à supprimer, l'arc de rupture qui se produirait dans l'appareil même.

2e catégorie. — Il en est autrement du « collage électrique. »

Il suffit d'observer une lampe à arc pour se rendre compte comment peuvent se former sur le cathode des « champignons », sorte de perles boursoufflées de carbone ou de cendres; si, par des irrégularités que nous examinerons plus loin, les charbons de contact dans l'appareil Diatto arrivent à une température qui les rend incandescents, ou encore si de violents arcs de rupture se produisent, la répétition de ces phénomènes peut donner lieu à la formation de champignons sur le cathode, et, ensuite, au « collage » ; mais il faut pour cela une coïncidence très condamnable de négligences dans l'exploitation ou de défauts dans l'installation.

Le tampon est alors maintenu au potentiel de la ligne, et il n'y a plus qu'à remplacer l'appareil le plus rapidement possible.

Ajoutons que ce «collage électrique» se produit bien plus facilement et plus fréquemment avec des contacts métalliques ; tous les essais faits en vue de remplacer le carbone par un métal quelconque ont dû être abandonnés pour cette raison. Malgré cela, certains inventeurs y reviennent toujours, mais nous croyons pouvoir leur prédire un insuccès complet.

3e catégorie. — Un «arc permanent» produit presque le même effet que le «collage électrique», avec cette seule différence que le potentiel du pavé de contact sera de 50 à 100 volts inférieur à celui de la ligne ; mais les chevaux ne semblent guère apprécier cette nuance.

Pour qu'il puisse y avoir un arc permanent, subsistant lorsque le clou est déjà retombé sur son siége, il faut évidemment qu'il y ait une dérivation permanente d'une certaine intensité entre le tampon et les rails.

Cette dérivation ne peut être due qu'à la conductibilité, d'abord de la boue qui couvre la surface des plots, ensuite du sol autour du plot, imprégné d'humidité conductrice. Mais la pratique a démontré, et les mesures d'isolement faites par différents états de la chaussée confirment, que même par un temps très humide et lorsque la chaussée est aussi sale qu'elle puisse l'être à Paris, la conductibilité n'est jamais assez forte pour que ces dérivations atteignent une valeur dangereuse, c'est-à-dire une intensité provoquant la persistance de l'arc.

Malheureusement, il n'en est point ainsi lorsque les rues ont été salées pour activer la fonte de la neige ; alors les courants parasites, tout en ne dépassant que rarement une dizaine d'ampères, ne peuvent plus être coupés par le clou ; ce dernier, nous l'avons dit, ne retombe généralement que lorsque le frotteur a déjà franchement quitté le plot et que tout contact électrique entre tampon et voiture se trouve rompu ; mais en ce moment, la dérivation subsiste et le clou, en retombant, devrait couper ce courant parasite, ce qui ne lui réussit pas toujours.

Théoriquement, il y a un moyen aussi simple qu'élégant de remédier à cet inconvénient. Au lieu de faire cesser d'abord le contact électrique entre frotteur et tampon, pour ensuite «lâcher le clou magnétiquement», on fera exactement l'inverse : le frotteur en fer, droit jusqu'au bout, sera prolongé par une bande de métal non-magnétique, bronze ou cuivre ; au passage de la voiture, le clou tombera lorsque cette bande de cuivre est déjà, pendant quelques instants en contact avec le tampon ; *à condition que le plot suivant fonctionne convenablement*, il n'y aura, en temps normal, aucun arc de rupture dans l'appareil Diatto, pas plus qu'avec le frotteur ordinaire ; et s'il y a une dérivation, ce courant parasite sera encore fourni pendant un instant par le frotteur rallongé, qui le reçoit du plot suivant ; même dans ce cas, la chute du clou ne produit point d'arc : c'est le frotteur qui, en avançant, coupe cette dérivation à la surface du tampon, sans aucun inconvénient pour l'appareil Diatto.

Mais d'après ce que nous avons dit plus haut, on conçoit facilement que ce frotteur rallongé est au contraire nuisible lorsque, en temps normal, c'est-à-dire quand la chaussée est pratiquement isolante, la ligne présente des plots morts : le plot précédent devient alors infailliblement le siége d'un violent arc de rupture qui, tout en ne persistant pas, détériore cependant rapidement l'appareil.

Cette question du salage des chaussées en temps de neige a donné lieu, à Paris, à d'interminables pourparlers entre les Compagnies de tramways, dont les intérêts se trouvaient lésés par cet épandage de produits chimiques, prévu dans aucun acte de concession, et l'Administration Municipale, peu disposée à renoncer à ce procédé ; le dernier mot ne paraît pas encore dit en cette matière. Espérons seulement que d'autres villes n'imitent point, sous ce rapport, l'exemple de Paris.

L'hiver de 1901 à 1902 a de nouveau démontré que le sel est l'ennemi irréductible du système Diatto. Nous avons pu constater qu'en dehors de ces perturbations électriques, le sel (ou son dénaturant ?) paraît avoir une certaine action dissolvante sur la surface du bloc d'asphalte, qui devient spongieuse, se désagrège et perd son isolement, à tel point qu'à certains endroits, où le salage avait été particulièrement abondant, le service régulier n'a pu être rétabli, malgré un lavage abondant de la chaussée, qu'après que l'on eut refait la couche superficielle de l'asphalte des plots. Ceux qui étaient garnis d'un revêtement en pierre de verre (perfectionnement dont nous parlerons plus loin), se sont comportés beaucoup mieux sous ce rapport.

Signalons encore, pour mémoire, deux autres moyens qui ont été tentés pour rendre inoffensifs les arcs persistants. Le premier consistait à adapter immédiatement en dessous de l'appareil un plomb fusible, suffisamment fort pour résister aux courants ordinaires, même aux démarrages, mais destiné à fondre sous l'effet d'un court-circuit. La voiture traînait derrière elle un petit frotteur de sûreté, simple sabot en fer, relié par une chaînette à la masse métallique du véhicule. Si, après le passage du frotteur magnétique, l'électrisation subsistait par une cause quelconque, ce frotteur de sûreté, relié à la terre, établissait un court-circuit franc, qui faisait fondre le coupe-circuit et déconnectait ainsi l'appareil avarié. Mais ce dispositif n'a pas donné de bons résultats : la fusion d'un plomb dépend de trop de circonstances différentes pour qu'on puisse s'y fier entièrement ; de simples surcharges faisaient souvent fondre le coupe-circuit, ce qui troublait considérablement l'exploitation ; par contre, il arrivait souvent que le plomb résistait, soit par suite du contact imparfait ou de trop courte durée entre le frotteur et le tampon, ou bien quand le plot ne présentait encore qu'un commencement d'électrisation permanente ; ce dispositif a donc été rapidement abandonné.

Ensuite on a tenté d'étouffer l'arc en remplissant l'appareil d'un liquide isolant ; il n'y a guère que les huiles minérales qui pourraient être essayées dans ce but Dans les interrupteurs à haute et à moyenne tension on a obtenu des résultats remarquables en noyant les pièces de contact dans un bain d'huile ; des courants intenses, sous un voltage élevé, peuvent être coupés par ces interrupteurs sans le moindre danger d'explosion ni d'arc persistant, même avec une distance relativement faible entre les pièces de contact.

Il était donc naturel d'essayer à appliquer le même moyen aux appareils Diatto, qui ne sont autre chose que des interrupteurs, appelés à fonctionner sans différence de potentiel entre ses contacts.

Nous avons pu faire une série d'expériences dans cet ordre d'idées, mais les résultats ont été absolument négatifs.

Il est vrai que l'huile étouffe immédiatement l'arc, même de plusieurs dizaines d'ampères, à 500 volts et avec la distance normale (11 mm) entre les deux charbons ; mais il se produit après un nombre fort restreint de ruptures une carbonisation graduelle de l'huile, ce qui a pour effet de diminuer la résistance électrique de ce liquide, qui est troublé par des nuages de particules de carbone, produit solide de la distillation ; car, quelque faible que soit sa durée, l'arc se forme quand même au sein du liquide, et sa température est assez élevée pour provoquer à chaque rupture la décomposition d'une très petite quantité d'huile. Avec des arcs extrêmement violents, répétés souvent, on arrive à transformer le liquide en une véritable pâte de coke.

Le liquide devenant petit à petit conducteur, on va évidemment à l'encontre du but poursuivi.

Il est encore à noter que l'huile n'a aucune influence appréciable sur la conductibilité du contact entre les charbons.

Si cependant l'huile donne de bons résultats dans les interrupteurs de tableau, cela peut s'expliquer par les raisons suivantes : d'abord ces appareils ne sont manœuvrés que très exceptionnellement sous charge ; ensuite le volume de liquide est beaucoup plus considérable, la densité des nuages de carbone sera donc moindre ; la distance entre les contacts est bien plus grande ; et enfin une légère conductibilité de l'huile n'a pas de si grands inconvénients, puisque l'opérateur devant le tableau ne touche jamais une pièce métallique de l'interrupteur, mais toujours une poignée isolée, tandis qu'en outre, lorsqu'une machine ou feeder est déconnecté du tableau, son circuit comprend dans la plupart des cas encore un deuxième point de coupure, soit un plomb fusible amovible, soit un interrupteur automatique, soit un isolateur de section.

4me catégorie. — Comme quatrième groupe de causes d'électrisation permanente nous étudierons toutes celles qui peuvent amener la production, à l'intérieur des appareils, de noir de fumée, formant sur les parois de la cloche un dépôt plus ou moins conducteur selon son épaisseur et pouvant donc maintenir le tampon à des potentiels variables entre 0 et 500 volts.

Ces causes sont fort multiples, mais, hâtons-nous de le dire, il n'en est pas une qui ne soit facile à supprimer par une installation soignée, une exploitation judicieuse et un entretien intelligent. Nous les passerons successivement en revue :

a. Faiblesse de la batterie d'accumulateurs, qui fournit le courant d'aimantation du frotteur (*).

Si l'aimantation du barreau est insuffisante, le contact entre les charbons devient évidemment moins intime; il peut même arriver que dans l'intervalle entre deux bobines magnétisantes du frotteur, où le flux est évidemment moins fort, les charbons se séparent momentanément avec production d'arc. Le noir de fumée provient alors de deux sources; d'abord de la surface des charbons de contact et ensuite d'une carbonisation du siège ou rebord en ambroïne, sur lequel le clou, surchauffé par cette résistance de contact exagérée (peut-être même par l'arc, s'il y a eu séparation), retombe après le passage de la voiture.

b. Fuites de mercure. Nous avons dit plus haut qu'il est particulièrement difficile d'obtenir l'étanchéité absolue

---

(*) Rappelons-nous que d'après la formule (1), page 33, le courant qui parcourt les bobines magnétisantes dans le montage actuel est presque proportionnel à E, le voltage de la batterie.

du fond du godet d'ambroïne, fermé par un petit bouchon en cuivre. Si le niveau du mercure baisse, la surface de contact entre ce liquide et le clou dans sa position supérieure diminue rapidement, jusqu'à ce qu'il n'y ait plus qu'un effleurement entre les deux, ce qui peut chauffer le clou au rouge; en même temps, le poids apparent du clou est augmenté et le contact en souffre; de nouveau il y a carbonisation de l'ambroïne. Nous verrons plus loin par quel moyen extrêmement ingénieux toute possibilité de fuite de mercure a été écartée.

c. Inégalité du pavage. Si le frotteur, après avoir amorcé un appareil, se trouve légèrement soulevé par des pavés ou autres obstacles dépassant le niveau des tampons, l'effet est le même que dans le cas de l'insuffisance de l'aimantation : il peut se produire momentanément un arc entre frotteur et tampon, et entre les deux contacts intérieurs.

Des affaissements de la voie, des irrégularités dans la pose des rails ou des plots peuvent avoir la même conséquence.

d. Défaut de réglage du frotteur. Si l'horizontalité des barreaux de prise de courant n'est pas soigneusement réglée, si les barreaux ne sont pas bien dressés, l'attraction magnétique peut de ce chef devenir insuffisante; d'où échauffement du clou et carbonisation de l'ambroïne.

e. Vitesses désordonnées. Au delà de certaines limites de vitesse (qui, dans les villes, ne devront cependant jamais être atteintes), le frotteur, porté par une suspension élastique, peut prendre des mouvements d'oscillation et de tangage, qui, non seulement, sont fort nuisibles à sa bonne conservation au point de vue mécanique, mais qui troublent le fonctionnement électro-magnétique des appareils Dans une exploitation bien stylée, ces désordres ne doivent évidemment pas se produire.

f. Plots morts dans les courbes. Si, en alignement, un plot ne contient point d'appareil, l'appareil précédent peut devenir le siége d'un arc de rupture, que l'on a toutefois beaucoup de chances de supprimer, grâce à la forme recourbée de l'extrémité du barreau. En courbe de faible rayon, il en est autrement; quoiqu'on y réduise la distance entre les plots à 2,5 et même 2 mètres, il peut arriver que le frotteur quitte *latéralement* le tampon; dans ce cas le clou sera toujours « lâché magnétiquement » avant que le contact électrique à la surface ne soit rompu; si le plot suivant ne contient pas d'appareil, l'arc de rupture est inévitable; il y a donc tout intérêt à veiller à ce que spécialement dans les courbes il n'y ait jamais de « plot mort ».

g. Excès de courants ou courts-circuits. La surface théorique du contact est de 600 mm², ce qui suffit largement pour les courants que prennent normalement les voitures ordinaires. Mais un wattman inexpérimenté peut provoquer des débits de courant tellement supérieurs aux intensités normales, que les contacts chauffent au delà des limites admissibles; la conduite des voitures est donc particulièrement à surveiller.

Des courts-circuits dans les voitures (moteurs ou câblage) qui ne sont recommandables dans aucune exploitation, ont évidemment une influence pernicieuse sur les appareils Diatto, qui, en outre, sont exposés à un autre genre de courts-circuits, aux abords des traversées de voies étrangères. Nous reviendrons plus loin sur ce point, qui présente une importance capitale.

h. Fortes rampes. Si, par suite de rampes très considérables, combinées avec des surcharges sur les véhicules, la ligne contient des endroits où les appareils sont constamment exposés à des intensités de courant exagérées, nous conseillerons de réduire de moitié la distance entre les plots, de sorte que le frotteur en touche toujours au moins deux. Le remède a été appliqué à Paris avec un succès complet.

*
* *

Si nous laissons de côté la question des arcs permanents dus au salage de la chaussée et celle de la traversée des voies étrangères qui sera étudiée dans le chapitre suivant, nous voyons qu'absolument aucune des causes d'électrisation persistante des appareils ne puisse pas être éliminée si les précautions suivantes sont rigoureusement observées :

1° Construction soignée des voies et de leurs équipements ;

2° Exploitation bien disciplinée ;

3° Entretien régulier, surtout du pavage de l'entrerail et du frotteur de prise du courant ;

4° Renforcement de l'aimantation du barreau.

C'est surtout à ce dernier point que nous attachons une importance primordiale.

CHAPITRE VI. — *Précautions spéciales à prendre dans l'établissement des voies ; traversées isolées.*

Après tout ce qui précède, on comprendra facilement que les voies destinées à être équipées d'après le système Diatto demandent à être posées soigneusement, suivant les règles de l'art ; un réglage parfait, un nivellement minutieux, une grande stabilité et, avant tout, un pavage irréprochable, sont les conditions indispensables pour la réussite.

On perd trop souvent de vue que toutes ces précautions, quand elles sont observées dès le début des travaux, n'augmentent pas sensiblement le prix de revient de premier établissement ; tandis que les réparations, les retouches, faites après coup, grèvent lourdement le budget de l'entretien sans pouvoir remédier à une situation compromise par des économies apparentes et en tout cas mal placées.

A Paris, l'Administration s'est toujours opposée à l'établissement d'un pavage en grès directement sur radier de béton. Le matelas de sable a l'avantage de réduire la sonorité, mais il va de soi que ce pavage n'est jamais aussi parfaitement nivelé ; le rejointoiement au ciment des pavés, sinon de toute la voie, du moins autour des plots, n'est possible que là où le pavé repose sur le béton ; cette précaution est cependant extrêmement recommandable, tant au point de vue de la stabilité mécanique que pour rendre la chaussée plus étanche.

Pour ces raisons, le pavage en bois directement sur béton est généralement préférable ; il présente par contre l'inconvénient, surtout lorsque le bois n'est pas bien dur, qu'après usure il peut se former autour des plots des poches ou des cavités où l'urine des chevaux peut séjourner, ce qui peut nuire à l'isolement.

Mais c'est incontestablement le pavage en asphalte qui doit être préféré à tout autre système, pour les voies équipées en Diatto.

Il se raccorde parfaitement avec le plot, est absolument étanche, beaucoup plus propre et peut être nivelé avec une précision presque mathématique. Partout où les conditions locales ne s'y opposent pas absolument, nous conseillons d'en faire le pavage type pour ce mode de traction.

En dehors de toutes ces précautions d'ordre général,

et ne présentant, en somme, aucune sujétion ni aucun surcroît de dépenses appréciable, il en est une autre qui est tout à fait spéciale aux systèmes de traction par contacts superficiels ; nous voulons parler de la construction des traversées de voies étrangères.

A *priori*, il n'est point évident que ces traversées demandent des précautions spéciales, et il faut avouer que la chose n'avait pas été prévue au début. En effet, les rails traversés se trouvant au même niveau que ceux de la voie Diatto, c'est-à-dire à 27 millimètres plus bas que les saillies des plots, le frotteur, maintenu au niveau de ces saillies, ne doit pas pouvoir venir en contact direct avec ces rails traversés, surtout lorsqu'on a soin de poser, immédiatement avant et après, un plot, même sans appareil, n'ayant d'autre but que de s'opposer à une flexion éventuelle du barreau. Malgré cela, on constate souvent qu'au passage de ces traversées, un arc d'une violence extrême, formant presqu'un court-circuit direct, s'amorce entre le barreau et le rail ; les appareils Diatto, aux abords de ces traversées, sont vite mis hors d'usage par cet excès de courant, ce qui est d'autant plus gênant que dans une ville comme Paris, ces points, généralement situés aux carrefours les plus fréquentés, ne peuvent être franchis en vitesse.

La tension de 600 volts est évidemment insuffisante pour qu'une étincelle jaillisse spontanément à cette distance de quelques centimètres ; le phénomène peut plutôt s'expliquer de la façon suivante : le frotteur peut entraîner, non seulement une multitude de petits objets en fer, ramassés magnétiquement en route, aiguilles, clous, fils, voire même boulons, outils, boîtes à sardines, etc., qui, au passage des rails traversés, amorcent le court-circuit, mais encore ses arêtes sont-elles généralement garnies d'une sorte de barbe de limaille de fer, provenant de l'usure des tampons et des barreaux. Dès que le frotteur passe au-dessus d'un rail en métal de haute perméabilité magnétique, l'orientation de ces files de limaille peut changer : elles forment, le long des lignes de force, comme une chaîne entre barreau et rail, et peuvent amorcer l'arc ; la poussière métallique des rues peut évidemment jouer le même rôle.

On a essayé d'atténuer l'effet en intercalant dans les fils de dérivation alimentant les appareils au droit des traversées des résistances renfermées dans des cuves placées sous les trottoirs ; si l'arc jaillit, l'intensité du courant est limitée par ces résistances et n'affectera pas le caractère d'un court-circuit ; si ce dispositif peut sauver les appareils Diatto, il présente l'inconvénient de réduire dans de trop fortes proportions le voltage aux bornes des moteurs, qui alors se trouvent en dérivation, non plus sur la tension totale du réseau, mais sur l'arc sous le frotteur, atténué par les résistances ; le démarrage peut, dès lors, devenir impossible, ce qui, à ces endroits, est particulièrement gênant. Aussi, ce remède a-t-il été bientôt abandonné.

On s'est définitivement arrêté à une autre solution, consistant à isoler électriquement les rails rencontrés. Il va de soi qu'il ne peut être question que d'un isolement relatif ; d'après l'état du sol et de la chaussée, on peut arriver à des isolements de 10 à 100 ohms, rarement davantage ; dans la plupart des cas, cela suffit pour empêcher la formation de l'arc ou, s'il se produit, pour le réduire à une intensité inoffensive.

Considérons le cas le plus simple de deux voies en alignement se croisant sous un angle droit ; le tronçon de rail de la voie étrangère compris entre les rails de la voie Diatto sera coupé en 5 morceaux : un coupon central de

50 à 55 cm, de chaque côté de celui-ci un petit coupon de 20 cm, et ensuite les coupons d'environ 25 cm formant cœur avec les rails de la voie Diatto. Tous ces coupons auront des trous d'éclisse d'un diamètre supérieur à celui des boulons ; sous les éclisses qui les réunissent entre eux, on posera des bandes de caoutchouc, et dans les joints, entre les coupons successifs, on interposera des plaques de matière isolante (fibre, caoutchouc ou ébonite), d'environ 10 mm d'épaisseur et découpées suivant le profil des rails.

Le tout sera tirefonné sur une longrine de bois injecté ; pour augmenter la stabilité de ces coupons, il est utile de river sur leurs patins une forte tôle de 25 à 30 cm de largeur. Il est clair que le coupon central, sur lequel passe le frotteur, se trouve ainsi doublement isolé par rapport aux rails de la voie Diatto, c'est-à-dire au circuit de retour. Toutefois, l'ensemble étant encastré dans la chaussée, l'isolement que l'on peut finalement obtenir ne sera jamais supérieur à celui d'une « bonne terre. »

Si le dispositif décrit peut donner satisfaction sur des lignes à faible trafic, où ne circulent que des voitures légères, et là où la chaussée et les voies ne sont pas soumises aux rudes épreuves du passage continuel de camions chargés ou d'omnibus pesants, il devient absolument insuffisant dans une ville comme Paris ; les petits coupons n'offrent pas la stabilité voulue au passage des immenses voitures à traction mécanique pouvant peser 25 à 30 tonnes ; ils s'ébranlent, écrasent le bois et la matière isolante, se déversent et peuvent finir par rendre la voie impraticable.

Plusieurs systèmes ont été proposés pour améliorer ces traversées ; mais il faut avouer que le problème est particulièrement difficile à résoudre : la solidité, la rigidité et la stabilité mécaniques d'une part, et l'isolement électrique d'autre part, étant en l'espèce deux conditions presque incompatibles.

Nous ne décrirons que le système imaginé par M. Collot, ingénieur, et modifié par l'auteur. Il vient d'être appliqué avec succès sur certaines lignes à Paris.

La traversée toute entière (v ir fig. 11) est faite en acier coulé, ce qui permet de modifier à volonté le profil des rails. Le coupon central et les deux petits coupons de 20 cm, dits « coupons isolants », affectent la forme d'un rail de profil spécial : hauteur 25 cm, largeur du patin 30 cm ; ils présentent à chaque extrémité une nervure ou ailette du profil indiqué par la figure, et munie de deux trous de 45 mm. Placés bout à bout, ces trois coupons sont assemblés par un éclissage transversal : des boulons de 22 mm, entourés de manchons isolants en caoutchouc, passent par les trous dans les nervures, et permettent de comprimer énergiquement le joint isolant séparant les coupons et constitués par deux fortes plaques de mica entre lesquelles se place une plaque de fibre ou de caoutchouc. Mica et fibre sont préalablement découpés d'après le profil des nervures. Tète et écrous des boulons s'appuient sur de fortes rondelles en mica. protégées par des plaques de fer.

Les cœurs des traversées sont coulés d'une seule pièce, mais les quatre branches n'ont pas le même profil : celle qui se raccorde au « coupon isolant » doit présenter les mêmes dimensions, la même nervure transversale que celui-ci ; les trois autres branches auront le profil normal du rail. L'ensemble constitué par deux cœurs et les trois coupons est tirefonné sur un madrier en chêne de 18 × 30 centimètres ; les patins élargis sont dans ce but munis des trous nécessaires.

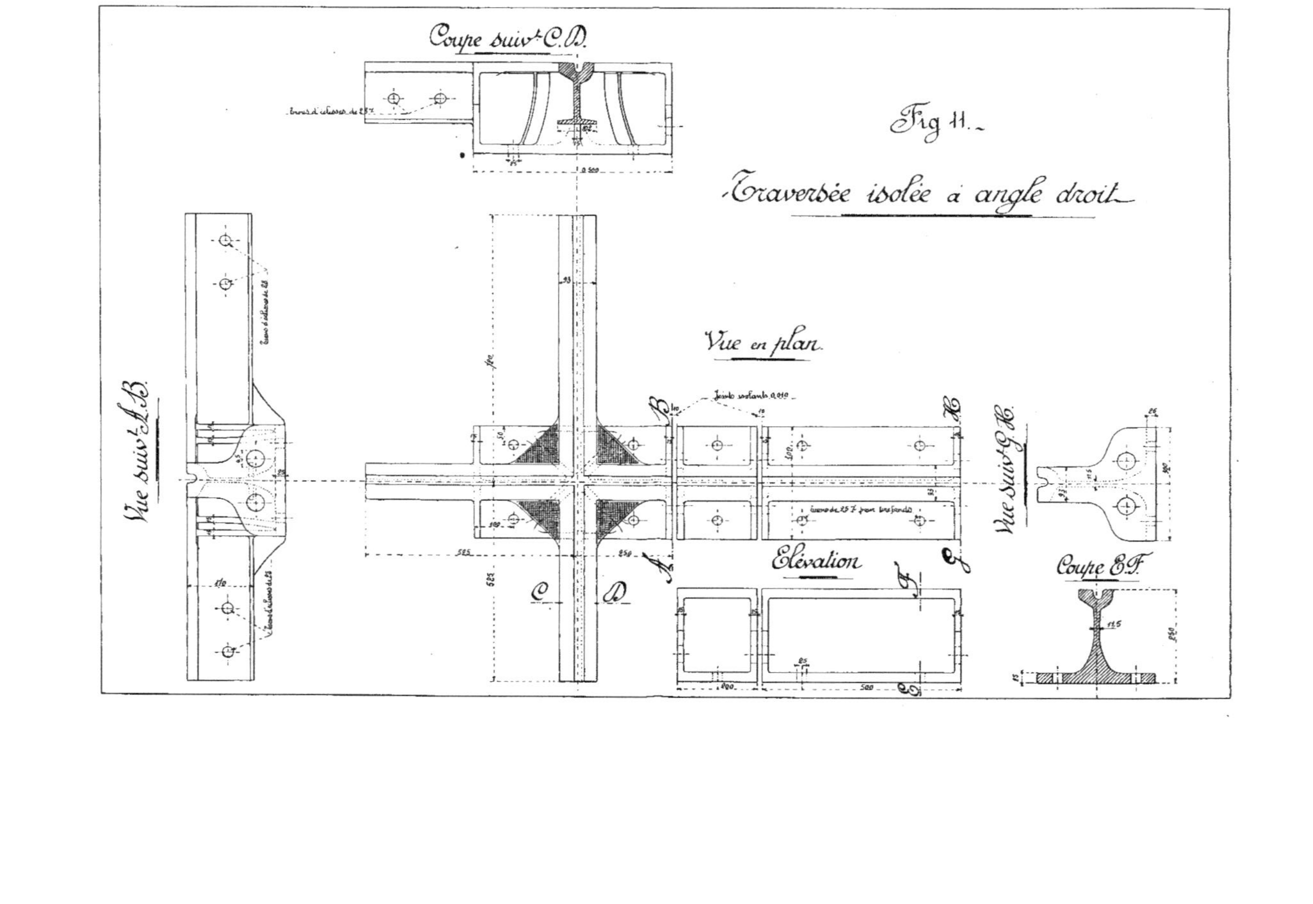
Fig 11.
Traversée isolée à angle droit
Coupe suivt C.D.
Vue en plan
Vue suivt A.B.
Vue suivt G.H.
Élévation
Coupe E.F.
Joints isolants 0,010

Tant au point de vue de la durée de l'isolement qu'au point de vue de la rigidité mécanique, ce système de traversée paraît devoir donner toute satisfaction.

L'acier employé est très dur (résistance 70 kg., allongement 4 %), de sorte que l'usure de la table de roulement sera minime.

La seule difficulté consiste évidemment dans le grand nombre de modèles spéciaux à créer, d'après l'angle variable des traversées ; la chose devient encore beaucoup plus compliquée pour les traversées en courbe. Le travail demande à être étudié et exécuté avec la précision la plus minutieuse, toute retouche après coup étant évidemment impossible ; les irrégularités dans le retrait de l'acier augmentent beaucoup les difficultés.

Si, à propos de la construction en général, du pavage et de l'équipement des voies, nous avons particulièrement insisté sur la nécessité de prendre *dès le début* toutes les précautions indispensables à la réussite du système, pour éviter des retouches souvent inefficaces et toujours coûteuses, cette recommandation s'applique encore bien plus à la construction des traversées ; les lignes de Paris en fournissent une preuve des plus significatives. Déjà, dans la construction ordinaire des voies de tramways, il convient de poser d'abord les appareils de croisement ou de changement de voie, pour y raccorder ensuite la voie courante ; il saute aux yeux que cette règle s'impose encore davantage quand il s'agit d'appareils en acier coulé, qui ne permettent aucune retouche. En outre, les difficultés pratiques de la pose peuvent devenir des plus sérieuses sur des lignes en exploitation, où le temps de travail est souvent limité à quelques heures de la nuit ; le remplacement d'une traversée de deux lignes en voie double devient alors un véritable tour de force.

Pour donner un exemple de la complication extraordinaire de certains appareils de croisement, nous reproduisons (voir la fig. 12) le plan des traversées isolées de la place Saint-Michel, à Paris ; cette traversée a nécessité la confection de 24 modèles différents.

Les réseaux de Paris comportent environ :

Traversées en voie double	39
Traversées de voie double par voie simple. . .	4
Bifurcations doubles	14
Bifurcations simples	13
Diagonales	61
Passages de voie simple en voie double. . . .	28
Traversées de voies à traction par caniveau . .	5

*
* *

En résumé, cette question de l'isolement des traversées a été une des plus graves difficultés à vaincre dans l'application du système Diatto ; mais on peut affirmer dès maintenant que la solution satisfaisante a été trouvée. Nous répétons qu'il est de la plus haute importance dans toute application future de profiter de l'expérience acquise, et de prévoir dans le premier établissement des traversées du modèle décrit ou de tout autre modèle équivalent.

On rencontrera d'ailleurs assez rarement une telle multitude de traversées comme sur les réseaux de Paris.

*
* *

CHAPITRE VII. — *Usure et entretien ; coût et organisation.*

La façon dont sera organisé l'entretien des équipe-

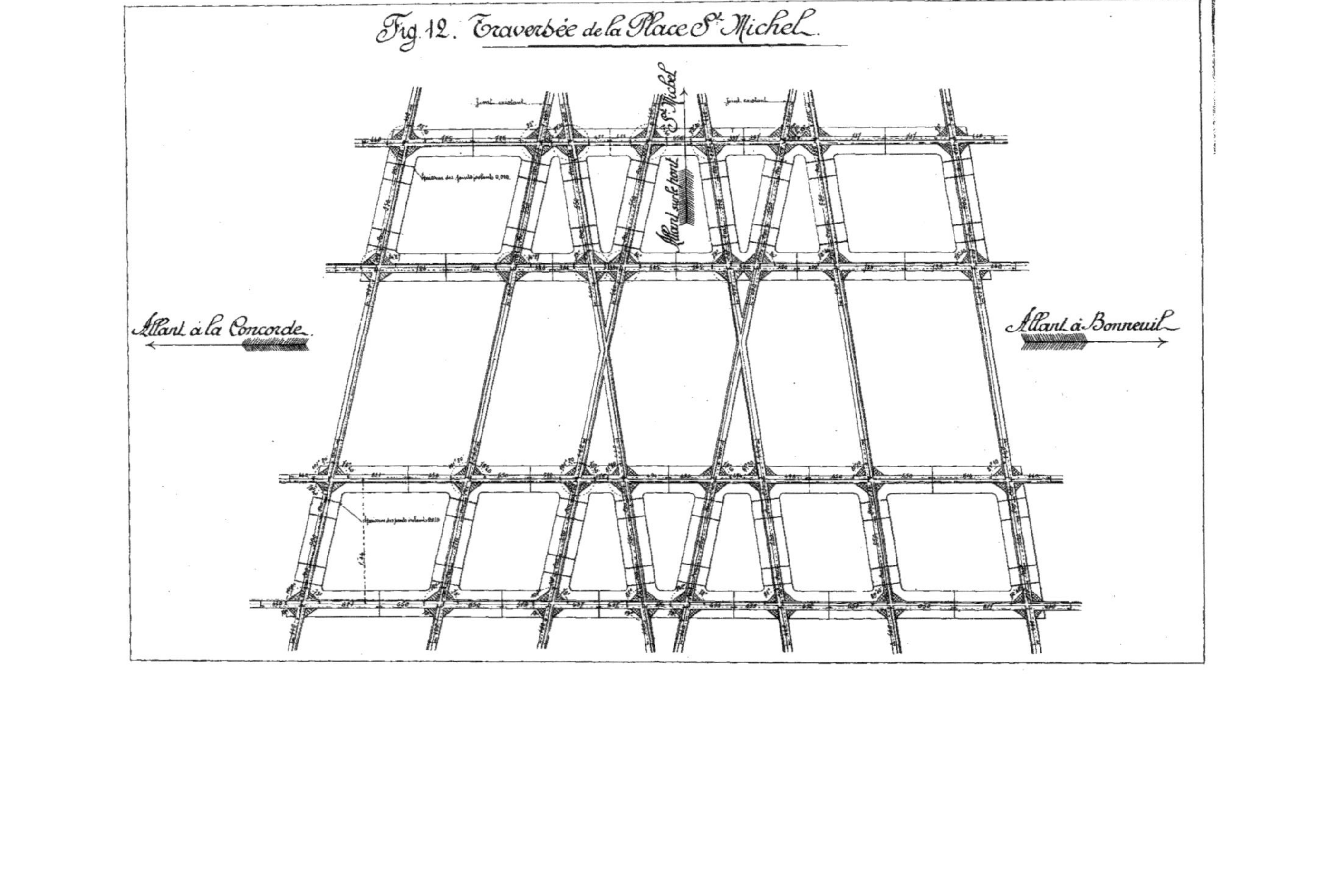

Fig. 12. Traversée de la Place St Michel.

ments Diatto et les dépenses résultant de cet entretien seront nécessairement fonctions des conditions locales et de l'importance des réseaux. Nous ne pourrons que formuler quelques recommandations générales et exposer le fonctionnement de ce service à Paris, où, pour la presque totalité des lignes (celles de Vanves exceptées), plus exactement pour 72 kilomètres de voie simple, l'entretien est resté concentré entre les mains d'une seule Compagnie, entrepreneur des travaux ; on conçoit que, dans ces conditions, une organisation sérieuse et méthodique s'impose.

Le service peut être subdivisé comme suit :

1° Surveillance et mesures des canalisations électriques souterraines ; recherche et réparation de défauts ;

2° Surveillance des plots au point de vue de l'électrisation persistante ; remplacement des appareils détériorés ;

3° Réparation de l'asphalte à la surface des plots ;

4° Remise en état des appareils endommagés provenant des lignes ;

5° Entretien des frotteurs de prise de courant.

* * *

La surveillance des canalisations ne diffère pas essentiellement du service analogue pour les réseaux d'éclairage ; par conséquent, nous ne la citerons ici que pour mémoire.

* * *

Pour la vérification des plots au point de vue de l'électrisation permanente, on subdivisera le réseau en sections confiées chacune à un chef d'équipe ayant sous ses ordres un nombre d'ouvriers variable d'après l'importance des lignes, l'intensité de la circulation, les difficultés spéciales de profil ou de tracé, etc. Il est recommandable de vérifier tous les matins la ligne en attachant derrière la première voiture un petit frotteur spécial, sorte de balai métallique, isolé du châssis de la voiture et relié à un voltmètre posé sur la plate-forme d'arrière et ayant l'autre borne à la terre. On constate ainsi immédiatement si un plot reste électrisé après le passage de la voiture.

Dans la journée, les hommes d'équipe feront encore une ou plusieurs fois la vérification au moyen d'un voltmètre portatif de résistance très élevée et, pendant leur présence sur la ligne, ils marcheront le plus souvent possible dans l'axe de la voie, en posant un pied sur la chaussée et en effleurant de l'autre les tampons des plots.

Ce dernier moyen de découvrir un commencement d'électrisation permanente peut, au premier abord, paraître plutôt rudimentaire aux électriciens habitués à manipuler des appareils de précision; la mesure « au pied » n'a point la prétention d'être quantitativement bien exacte, mais elle a l'avantage d'être fort rapide et de ne laisser subsister dans l'esprit de l'observateur que très peu de doute, surtout lorsque (le cas, heureusement, est rare) le potentiel s'approche de 500 volts.

Inutile de dire que tout appareil reconnu électrisé est immédiatement enlevé et remplacé, opération qui peut se faire en un clin d'œil entre le passage de deux voitures; l'ouvrier se protége évidemment par des gants en caoutchouc.

Cette surveillance ininterrompue, par des hommes

constamment présents sur la ligne, devra évidemment être graduée judicieusement d'après les conditions locales. On ne rencontrera pas souvent une telle coïncidence de difficultés et de sujétions qu'à Paris; malgré cela, ce service de surveillance ne comporte en moyenne qu'un homme par kilomètre de voie simple, et cela pour un service d'exploitation de 20 heures par jour, de sorte qu'en réalité la longueur moyenne surveillée par un homme est encore bien plus grande. Il n'est pas douteux que partout où la circulation n'atteint pas un tel degré d'intensité que dans la plupart des rues de Paris qu'empruntent les lignes Diatto, de notables réductions ne puissent être opérées dans ces équipes de surveillance.

*
* *

La réparation de l'asphalte des plots constitue un travail entièrement séparé. La rapidité de l'usure dépend évidemment du plus ou moins de roulage, comme d'ailleurs aussi de l'état d'entretien du pavage autour des plots. Si l'on attend trop longtemps avant de réparer un plot usé, il peut arriver que la couronne en bronze (le siége du tampon) soit entièrement descellée, auquel cas il faut remplacer tout le plot.

La réparation consiste à gratter ou piquer à la pioche la couche superficielle usée, et, après nettoyage et balayage soigneux, à y appliquer en deux ou trois couches successives un nouveau revêtement d'asphalte pur coulé, auquel on donne la forme bombée au moyen de spatules en bois. La réparation demande en moyenne de 10 à 12 kg. d'asphalte.

En dehors de l'asphalte coulé on a employé pour ces

réfections l'asphalte en poudre, comprimé et chauffé au moyen de fers Les résultats n'ont pas été tout à fait aussi bons, de sorte que l'on y a renoncé.

Pour les plots munis du revêtement en céramo-cristal les réfections sont nulles ; c'est une sérieuse économie, plaidant fortement en faveur de cette matière ; le réasphaltage constitue en effet la dépense principale de l'entretien.

A Paris, 21 hommes, divisés en trois équipes, sont constamment employés au réasphaltage des près de 17 000 plots. Ils en font en moyenne 160 par jour, de sorte que chaque plot est réparé environ 3 fois par an ; c'est un grand maximum ; dans d'autres installations, en province, une seule réparation par an a été reconnue suffisante.

* * *

La remise en état des appareils enlevés des lignes se fait dans un atelier spécial. Après tout ce qui a été dit au sujet de la construction des appareils neufs on se rendra aisément compte de la nature de ces réparations. Tout appareil est démonté, nettoyé ; les pièces qui sont intactes servent à nouveau, les parties détériorées (souvent les contacts en charbon, le godet d'ambroïne, etc.) sont remplacées ; après le remontage l'appareil est essayé au laboratoire.

A Paris, un personnel comportant un chef d'atelier et 7 ouvriers suffit largement pour faire toutes les réparations nécessaires pour les 72 kilomètres de lignes.

La remise en état d'un appareil revient en moyenne à 4 francs environ.

*
* *

Le réglage et l'entretien des frotteurs sous les voitures est un travail d'ajusteur électricien qui n'offre rien de particulier; on veillera évidemment à ce que les barres soient parfaitement droites et restent rigoureusement horizontales quand elles sont librement suspendues; on réglera les ressorts de suspension de façon à ce que sur la fosse de visite le frotteur reste à peu près à 18 à 20 mm au-dessus du niveau des rails; les tampons des plots se trouvent à 27 mm, de sorte que le contact est assuré.

*
* *

D'après ce qui précède, on conçoit qu'il est fort difficile de donner des chiffres précis pour les dépenses d'entretien; tout dépend du plus ou moins de soins apportés à l'installation du système, de l'intensité de la circulation et du service, de l'étendue des réseaux, de la nature du pavage, et en général d'une foule de circonstances locales.

Nous devons donc nous borner à indiquer les limites entre lesquelles le chiffre réel sera compris; la limite inférieure s'applique à une installation modèle, où tout l'enseignement que l'on peut tirer des lignes existantes aura été mis à profit; nous supposons notamment que le drainage a été généralisé, les traversées améliorées, que tous les plots sans exception ont un revêtement superficiel de céramo-cristal et que les appareils sont du nouveau modèle dont il sera question dans le chapitre suivant.

Nous dressons donc le tableau suivant pour les dépenses d'entretien par an et par kilomètre dans les deux cas.

	Limite supérieure des dépenses.	Limite inférieure des dépenses.
A. Entretien de l'équipement. Diatto proprement dit.		
1 Surveillance des plots, frais généraux et outillage compris	Fr. 2 300	Fr 1 200
2. Entretien de l'asphalte, remplacement des plots mis hors d'usage . . .	» 1 200	» 300
3. Réparation des appareils remplacés	» 500	» 250
Total. . .	Fr. 4 000	Fr. 1 750
B. Entretien des canalisations.		
1. Vérification des câbles; recherche de défauts .	Fr. 300	Fr. 200
2. Main-d'œuvre et terrassement pour réparation de défauts	» 400	» 200
Total. . .	F. 700	Fr. 400
Total général . . .	Fr. 4 700	Fr. 2 150

Pour terminer ce chapitre, nous ajouterons, à titre de curiosité, qu'à Paris, la nécessité s'est fait sentir d'adjoindre aux services que nous venons d'énumérer un service du contentieux. En effet, les déclarations d'accidents attribués aux plots ont été si nombreuses et ont donné lieu à tant d'abus de la part des propriétaires de chevaux, que la Compagnie qui avait à charge l'entretien de toutes ces lignes a dû se créer des moyens d'investigation et de défense très énergiques. On a vu des procès-verbaux « officiels » d'électrocution de chevaux dans des rues où jamais un plot n'a existé ; encouragés par une campagne de presse peut-être pas absolument désintéressée, exagérant les quelques déboires inévitables d'une mise en route un peu précipitée, bien des propriétaires de chevaux ont cherché pendant longtemps et trop souvent avec succès, à mettre sur le compte des plots la mort naturelle ou la blessure de leurs quadrupèdes. Des mesures énergiques ont mis un terme à ces abus par trop faciles.

Les vétérinaires, d'ailleurs, ne sont pas du tout d'accord sur les signes diagnostiques de l'électrocution. D'aucuns disent que si, à l'autopsie, on ne trouve aucune lésion ni anomalie des organes vitaux, c'est la preuve que la mort du cheval ne peut être attribuée qu'au courant électrique ; d'autres, au contraire, sont d'avis que l'on ne peut conclure à l'électrocution que lorsque l'on a trouvé des traces bien évidentes de brûlures internes à la surface de certains organes, notamment des poumons. L'existence de marques absolument probantes paraît donc encore bien douteuse.

CHAPITRE VIII. — *Perfectionnements récents.*

L'inventeur, M. Diatto, continue à suivre avec intérêt le développement et les perfectionnements de son système : mais il convient de remarquer que pour la grande majorité, ils sont l'œuvre de MM. G. Lordereau et J. Rodet, le directeur et l'éminent ingénieur du Syndicat pour l'installation de tramways électriques, à Lyon, qui, avec une persévérance et une science infatigables, n'ont cessé d'étudier les moyens de remédier aux inconvénients qui se révélaient au cours des applications pratiques.

Leurs recherches viennent d'aboutir à la création d'un appareil présentant des perfectionnements très réels, dont nous dirons quelques mots.

Signalons d'abord quelques petites modifications suggérées dès les premières applications à Paris.

En vue de rendre l'appareil moins sensible aux trépidations de la chaussée et pour faciliter l'enlèvement rapide, on a construit ce que l'on a appelé des «appareils indépendants», qui, au lieu d'être vissés dans le tampon du plot, sont pressés contre au moyen d'un ressort spirale en laiton, prenant appui sur la petite traverse magnétique dans la cavité du plot, et entourant la cheminée de l'appareil.

Le bouchon vissé qui se place au centre de la cloche en laiton se trouve légèrement modifié dans les appareils de ce modèle.

Ensuite, il a été reconnu avantageux de garnir l'intérieur des appareils d'un manchon en tissu d'amiante incombustible, qui ne donne point lieu à la formation de noir de fumée, à des températures élevées.

Quant aux plots, ils ont été garnis d'un revêtement superficiel de pierre de verre (céramo-cristal), sous forme de quatre plaques striées et bombées, qui sont disposées au fond du moule avant la coulée. Cette matière est extrêmement résistante à l'usure et ne présente que l'inconvénient d'être encore d'un prix assez élevé et d'une fabrication variable. Nous recommandons cependant son emploi partout où une usure rapide des plots serait à craindre.

En vue de rendre plus parfait le contact entre les

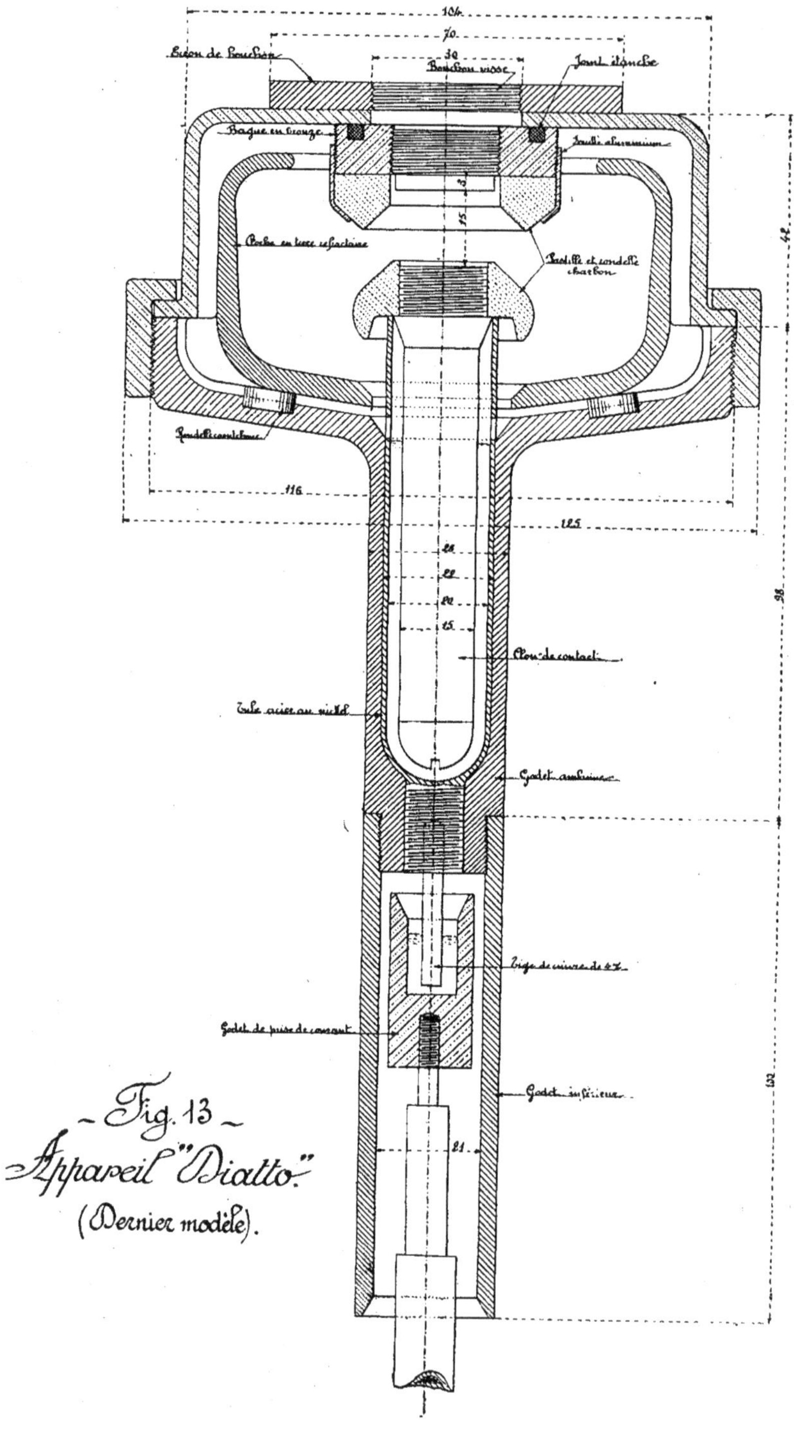

~ Fig. 13 ~
Appareil "Diatto."
(Dernier modèle).

charbons, il est utile de les roder par paires, avant le montage des appareils. Cette opération peut se faire sur le tour ou sur la machine à percer ; on mouille légèrement les surfaces à roder et on ajoute une faible quantité de poudre de grès très fine ; les charbons acquièrent au bout de quelques minutes un beau brillant.

Pour terminer notre étude, nous décrirons les derniers perfectionnements apportés à l'appareil représenté par la fig. 13.

La cloche en laiton est de dimensions plus grandes, ce qui a obligé à modifier le joint; au lieu des trois boulons extérieurs (qui augmenteraient les dimensions d'encombrement de l'appareil à tel point qu'il ne pourrait plus se loger dans les cavités actuelles des plots), on presse la cloche en laiton sur le godet en ambroïne (après interposition d'une bague en caoutchouc) à l'aide d'un grand écrou en laiton, muni de petites saillies permettant l'emploi d'une clef spéciale.

A l'intérieur de la cloche se place un manchon en terre réfractaire de la forme indiquée par la fig. ; la seule matière plastique qui résiste à l'action de l'arc est la « terre à creuset » ; la porcelaine n'a donné aucun résultat, ni les terres réfractaires ordinaires.

Ce manchon forme écran et empêche que l'arc ne vienne lécher la cloche en laiton pour y déposer du noir de fumée.

Ensuite, on a reconnu que l'attraction magnétique est plus intense quand on réduit le diamètre du bouchon en fer vissé au centre de la cloche; la rondelle supérieure de charbon appuie sur une bague en bronze vissée sur ledit bouchon. L'assemblage de ces pièces est modifié tel que l'indique la figure ; la soudure est supprimée et remplacée par un joint étanche en caoutchouc.

Mais un perfectionnement encore bien plus appréciable

a été réalisé par l'adjonction d'un tube métallique, en forme d'éprouvette, garnissant l'intérieur de la cheminée et contenant le mercure; le bouchon en cuivre assurant le contact avec le circuit extérieur est brasé au tube. On obtient ainsi :

1° la suppression de toute possibilité de fuite de mercure;

2° la suppression d'une des causes de la formation du noir de fumée, puisque la tête du clou, susceptible d'acquérir une température élevée, retombe non plus sur un rebord en ambroïne, c'est-à-dire en matière combustible, mais sur un siége métallique.

Il a fallu d'assez longues recherches avant de trouver le métal qui convienne pour la fabrication de ces tubes ; tous les métaux attaquables par le mercure devraient être écartés, comme aussi les métaux magnétiques, qui auraient pu exercer une attraction latérale asymétrique sur le clou; des essais ont été faits avec l'aluminium, qui, toutefois, en présence du mercure, donne lieu à une réaction chimique qui empêche son emploi.

Finalement, on s'est arrêté au ferro-nickel, qui satisfait aux deux conditions sus-énoncées. On obtient ces tubes par emboutissage, exactement comme des cartouches de fusil. Le nombre d'usines outillées pour ce travail est forcément assez restreint.

Les appareils de ce nouveau modèle mis à l'essai sur les lignes de Paris ont pleinement justifié les espérances fondées sur eux; ils se comportent admirablement.

CONCLUSIONS.

Ayant ainsi passé en revue toutes les constatations que les applications du système Diatto à Paris ont permis de faire, il est naturel de revenir à la question que nous avons énoncée à la première page de notre étude : « le système » Diatto peut-il sérieusement entrer en ligne de compte » pour l'équipement des lignes de tramways là où le » trolley est proscrit ? »

Pour notre part, nous n'hésitons pas à répondre catégoriquement dans le sens affirmatif; l'appareil Diatto est un outil merveilleux qui, mis entre les mains de personnes qui savent s'en servir, ne peut manquer de rendre les services les plus précieux. D'un prix de revient relativement très peu élevé, d'un entretien qui, tout en étant plus cher que celui des lignes de trolley, reste dans des limites très-raisonnables, son application paraît tout indiquée là où il s'agit de combler à l'intérieur des villes des lacunes dans les réseaux de fils aériens ; mais il serait évidemment excessif de le préconiser pour des lignes de banlieue ou pour celles où la faiblesse du trafic oblige à réduire au strict minimum toute dépense d'exploitation.

L'expérience de Paris a jeté une lumière très vive sur les écueils qu'il convient d'éviter ; nous avons insisté sur toutes les précautions à prendre et nous avons la certitude qu'aucune d'elles ne sera trouvée inutile. Il en est d'ailleurs du système Diatto comme de toute entreprise industrielle : il faut savoir profiter des leçons du passé pour assurer la réussite dans l'avenir.

Paris, février 1902.

www.ingramcontent.com/pod-product-compliance
Ingram Content Group UK Ltd.
Pitfield, Milton Keynes, MK11 3LW, UK
UKHW012101240726
13965UKWH00004B/1458